智慧职场

现代职场的处事为人之道

团结出版社

图书在版编目（CIP）数据

智慧职场 / 滕柏松著. -- 北京 : 团结出版社,
2023.6
ISBN 978-7-5234-0217-7

Ⅰ. ①智… Ⅱ. ①滕… Ⅲ. ①成功心理—通俗读物
Ⅳ. ①B848.4-49

中国国家版本馆CIP数据核字(2023)第105451号

出　版：团结出版社
（北京市东城区东皇城根南街84号　邮编：100006）
电　话：（010）65228880　65244790
网　址：http://www.tjpress.com
E-mail：zb65244790@vip.163.com
经　销：全国新华书店
印　刷：河北盛世彩捷印刷有限公司
装　订：河北盛世彩捷印刷有限公司

开　本：145mm × 210mm　32开
印　张：5.75
字　数：111千字
版　次：2023年6月　第1版
印　次：2023年6月　第1次印刷

书　号：978-7-5234-0217-7
定　价：58.00元

新版前言

《智慧职场》于2020年由中国华侨出版社出版，书中记述的是我个人职场生涯的一点切身体会和感悟。由于自己水平有限，加之当时时间比较仓促，书中内容没有仔细推敲斟酌，语句过于口语化，部分观点展开叙述不够，个别文字存在错漏，影响了读者阅读，深感歉疚。

当今，人们越来越重视自己的职业规划和自己在职场上未来的发展前途。随着社会的发展和环境的变化，职场上的竞争也越来越激烈，新的市场形势也使职场的情况变得更为复杂。如何才能在职场上有更好的发展，是现在所有在职场工作的朋友们，特别是年轻的朋友们一直关注的问题。我真诚希望自己的这一点粗浅体会和感悟，能对正在职场上发奋努力的朋友们有所帮助。现将此书重新修订出版，更名为《智慧职场——现代职场的处事为人之道》，在原有结构不变的基础上，对其中部分内容做了修订和补充，使之更加完整，更便于读者朋友阅读。

衷心感谢团结出版社和北京三鼎甲文化传播有限公司对本书再版给予的支持和帮助！

由于本人水平有限，书中难免仍存在一些错误和欠缺，敬请谅解，更诚挚欢迎广大读者朋友们批评指正。

作者

2023年夏于深圳

前言

职场是当代人重要的人生舞台。如何能在职场上得到好的发展，是每个职业人都面临的课题。不论是什么行业，还是什么岗位，无论是最基层的员工，还是在本单位坐上很高职位的领导，每个人在职场的工作中都曾有过成就和欣喜，也都难免经历一些艰难和挫折。如何才能让自己的职场道路走得更顺畅，是许多职场人都一直在思考的问题。

笔者也有三十多年的职场工作经历，也走过几个地方，经历过几个不同的行业和单位，从事过多个岗位；干过基础岗位，也做过大公司的高管。这些职场经历，谈不上如何成功，但让自己获得了许多人生感悟。我是一个爱思考的人，对多年来自己身边曾经经历的许多人和事，都有所感触。我习惯于将自己的工作经历和体会，定期进行一下反思和总结，结合自己长期的读书学习，归纳形成一些自己的认知。

我有爱说爱讲的毛病，我利用自己善于沟通表达、语言比较生动的特性，经常通过朋友聚会、好友交谈、单位里对员工的培训等各种机会，与身边的朋友、单位的同事不断地进行分享交流。接触到我的分享的人，对此普遍感到很受益。有许多身边的好友、以往的同事都曾建议我归纳整理这些零星分散的内容，形成一个较完整的东西沉淀下来。这就促使我萌生了写这本书的冲动。

本书聚焦于职场，对曾经在我身边发生过的，一些人在职场打拼中的成功范例或失败经历，进行了提炼总结，形成了我的一点认识。它是我自己长期职场经历中真实体会和内心感悟，其中有部分内容就源于我以前在公司进行员工培训时，自己最初撰写的培训课件。《“傻子”、“疯子”和“骗子”》是我11年前在我的博客上发的一篇文章，现在重读观点仍坚信认同，于是将其收录于本书的第一部分。

本书以职场为主题，从职场中的个体角度，探讨在职场上谋求立于不败的秘密。当前涉及职业发展类的书籍很多，讲发展成长的，多数是从组织管理的角度进行论述的，少数讲个人成长的书，也是集中强调个人发展应如何更好地符合组织的要求，是为优化组织管理服务的。真正从个人的角度，论述个人应如何在职场上寻求自己成长发展的书并不多。本书完全以职场上个体的角度，就个人应如何寻求在职场上更好的发展，谈一点我本人真实的感受和浅薄的认识，希望能对现在正在职场上打拼的朋友，特别是刚入职场不久的年轻朋友有所帮助。

本书不是什么管理书籍，也不是世上流行的让人励志的心灵鸡汤书。书中没有泛泛地讲一些管理理论和人生哲理，没有更多的具体的工作操作方法，更没有为了吸引读者兴趣，特意杜撰一些“办公室中发生的小故事”。本书汇集了我多年的工作体会、思考感悟和认识，用我自己特有的简洁通俗的语言表达方式，真实质朴地呈现给广大读者朋友们。各位读者朋友若能从中获得某一点点受益并获得启发，我将感到极大的欣慰和满足。

衷心感谢所有对本书出版给予我鼓励、支持和帮助的人！

因本人水平有限和时间仓促，书中内容难免存在一些缺点和错误，谨此致歉，敬请广大读者朋友们谅解，并真诚欢迎大家批评指正不吝赐教。

作者

2020年秋于深圳

目录

CONTENTS

01 第一部分 成功与选择

02

第二部分

职场人的正确心态

03

第三部分

职场上需具备的能力

04

第四部分

职场上如何做事

05

第五部分

职场上如何做人

06

第六部分

职场上与人沟通的技巧

07 第七部分 职场人的自我修炼

08 第八部分 《厚黑学》智慧对职场人的积极意义

第一部分

成功与选择

每个人都渴望成功。成功一词对当今的人具有极大的吸引力，对广大的年轻朋友更是如此。谁都不甘心于平凡默默地度过一生，每个人都渴望能够经过一番努力，做出一番成就，让自己成为一名成功人士。怎么算是成功，怎么才能够让自己成功？这是每一个渴望成功的人都需要面对和必须认真思考的问题。

对成功的理解

一个人的成功，究竟意味着什么？是做多大的官，拥有多么大的权力？是赚多少钱，拥有多少亿的身价？是拥有一个非常称心的家庭，过上多么殷实富足的生活？还是取得多大的名气，无人不知无人不晓，成为超级大咖或网红？其实，在这个问题上并没有一个统一的答案，见仁见智。对某些人来说，他们梦寐以求的东西，未必是你所喜欢的、想要的；而你非常在意非常向往的东西，可能在别的某些人看来，却不觉得怎样，或者完全无所谓。

有些人已家财万贯非常富有，但活得并不称心，总感觉自己想要的并不只是钱，而真正想要的好像还没得到；有的人身居高位一呼百应，但还是感觉自己应该有另一番作为，自己却无从实现，被眼前的人和事所包围着裹挟着，无法摆脱；有些人生活富足享乐一切无忧，但总觉得自己过得太平淡，不够刺激，有一种空虚无奈之感；有的人名气已如日中天大红大紫，但却感到身心疲惫，内心难得片刻的宁静和从容，总是处于一种紧张焦虑之中，穷于应付。

其实对一个人来说，所谓成功，就是能让自己成为自己所希望成为的人。我们每一个人都有自己的理想和目标，都有自己的梦想和渴望。如果一个人最终能够实现自己人生的目标和理想，实现了内心的梦想和期望，就可算是一个成功的人了。否则，如果自己真正想要的并没能得到，而被一些周围环境或功利的因素所驱使着不能自已，即便在某方面取得了足以让其他人羡慕的成就，但自己的内心最终仍留有深深的遗憾和失落，也算不上真正意义上的成功。

人生面对的选择

每个人都希望成为一个成功的人，渴望通过努力实现自己的梦想。然而，客观现实告诉我们，在这个世界上真正取得成功的是少数，几乎凤毛麟角，大多数人的一生最终普普通通平淡无奇。这少数成功的人，是什么因素使他们在众多的人中脱颖而出成为佼佼者呢？其中的奥秘又在哪里呢？

实际上少数成功的人与大多数没成功的人之间，最根本的差异不是体现在先天资源的拥有和后天努力的程度上，而是体现在面临选择时，做出的选择不同。每一个人都会随时随地不断地面临各式各样的选择机会，一个人的一生，就是一个不断探索发现，不断寻求获取的过程。在这个漫长的探索寻求的过程中，人会有得到，也会有失去。纵观一生，对任何一个人来说，失去的总比得到的多，这是我们很多人不愿承认而又必须承认的残酷事实。我们人生中每前进一步，都面临着选择。人一辈子面临无数的选择，人生就是在不断选择中度过的。**成功者与其他人的差异，关键在于面临重要选择的时候做出的不同选择，可谓是选择比努力更重要**。一个睿智的人不仅懂得应该怎样努力，更懂得面对选择时如何做出正确的选择。**在重要的选择面前，总能做出正确的选择，是一个优秀的人的聪明睿智最根本的体现**。

一、$\frac{1}{n}$的选择

我们生活中面临各种各样的机会。在做出选取前，它只是机会，还没有得到，当然也谈不上失去，只算是有拥有之可能。只有对眼前的机会做出了选取，选取了其中自己最中意的，才算是获得和拥有。面对任何机会可能，我们都必须通过选择才能获得拥有，也就是说选择抓住这个机会，就不再同时考虑其他，这其实是一种取舍。在当今世界上，社会飞速发展，发展的节奏加快，呈现千变万化，我们面临的机会和可能太多了。财富、名利、权力、享乐等诸多诱惑使人们眼花缭乱头晕目眩。各种各样的机会不断在我们身边划过，能让我们被它吸引，为之心动。问题是，我们面对众多机会，要想真正得到什么，就必须做出取舍。这就意味着只能获得

其中的某一个，同时放弃其他，因为不能同时拥有所有。在没有做出选择之前，我们面临着诸多备选机会，有着n多种可能，机会是n个。这时候还谈不上得到什么，当然也说不上失去什么，没有失去任何可能性。**一旦做出了选择，获得的只是其中的某一个，得到的是$\frac{1}{n}$。这就意味着同时放弃了其他的机会，失去了获得其他的可能，失去的是$\frac{n-1}{n}$。$\frac{n-1}{n}>\frac{1}{n}$的不等式告诉我们：人的一生中，失去的总比得到的多。**我们追求成功，必须严肃地面对这一残酷的事实。例如：当一个人面临工作选择的时候，可以选择去企业求职，可以选择报考公务员，可以选择做自由职业者，也可以选择自己投资创业等。就从事的行业的选择，可以是制造业、商贸、金融、地产，也可以是IT、文化教育、影视出版、医疗卫生等。在选择前，各种方向和行业都有可能，但一旦选中其中的某个职业方向和行业，就放弃了其他诸多职业方向和行业的机会。如果我们选择了去企业做职业经理人，就意味着放弃了进入机关做公务员的机会，放弃了自己创业当老板的机会，放弃了进入学术单位搞学术研究的机会，放弃了进入学校教书育人当老师的机会。如果我们选择进入某一种行业，决定在这一行上投入身心有一番作为，就意味失去了在此时到其他行业发展的机会。如果我们选择了在某个地方某一个城市长期发展，就必须抛弃掉诸多其他地域对自己的诱惑，因为一个人无法分身多处。我们的个人生活也是如此。当你在青春年少单身一人时，能吸引你的优秀异性自然不少，机会多多。你为之心动的可能不少，但要找作为自己未来生活中最理想的另一半组成家庭，就必须从中选择自己最称心的某一位。选择了自己最称心最理想的某一人，实际上同时就意味着，从此失去了未来可能与其他优秀异性成为伴侣并组成家庭的机会。

做好这$\frac{1}{n}$的选择是不容易的。我们每个人从立志的时候开始，就要重视这$\frac{1}{n}$的选择，做好这$\frac{1}{n}$的选择。人的一生仅仅几十年光阴，从小到大有诸多需要做出选择的时候，求学、谋职、婚姻、安居、迁徙、跳槽、转行等。**在人生的诸多选择中，选择自己未来的发展方向是最为重要的**。也就是说，未来自己向什么方向发展，将来要成为什么样的人，这是人生要面对的最大的命题。对于这一命题的态度，不同的人体现出极大的差异，想法完全不同。就此问题，我身边的许多人对此做了完全不一样的选择。有些人随遇而安，对人生没有清晰的规划，任由命运安排，基本上一生平淡少有建树。有的人一心想做一番惊天动地的大事，不断地折腾，整天想着能一鸣惊人，结果总是时运不济，不断遇到各种不顺心的事情和麻烦，到头来不但自己的理想无从实现，还陷入了长期的痛苦之中。还有些人偏爱随波逐流，自己没明确的方向，总是跟随别人。看到别人在某一方面取得了成就，自己也跃跃欲试；看到某些行业受到人们追捧，自己也紧随其后积极参与。到头来，真正能通过随波逐流，而搭上幸运快车并侥幸获得成功的少之又少，多数都被“命运”无情地抛弃，最终两手空空。

人生发展方向的选择，是决定一个人走向成功的基础。所有成功的人，所有做出一番成就的人，都是在发展方向上做了正确明智的选择，知道该做什么，不做什么，有明确的取舍。有所不为才能有所为。我们要想取得一番成就，想实现自己的梦想，在一生的奋斗中实现较高的投入产出比，首先必须做好自己人生发展方向的$\frac{1}{n}$的选择。

二、选择的三原则

我个人认为，选择人生发展方向，应遵循以下三条重要原则。

（一）选择自己所热爱的

只有自己真正热爱的事，我们才会愿意始终保持旺盛热情去从事，才能够全身心地投入。选择了自己心里真正喜欢的、热爱的，我们才能用心且努力地去做，并在努力的过程中充分享受辛勤工作所带来的乐趣，进而乐在其中。也只有这样，我们的智慧和灵感才能在努力过程中得到充分的激发和释放，这能让自己感到有一种始终用不完的劲。这样，我们工作的成效也自然会不断取得、不断扩大。相反，如果一个人去做他本不喜欢做的事，从事了自己所不热爱的职业，那么他就很难做出成就。即便所做的事情充满机会、所从事的职业很有前途，即便这项工作可使从业者得到丰厚的报酬和很多的荣耀，那也只能带来一时的吸引力，因为不是自己所喜欢的，终究无法保持持续的热情长期做下去。一个人如果做了这类事情，短期的冲动一过，或者努力过程中遇到一些困难和挫折，自然会心灰意冷，感到非常的疲惫和无奈，很容易放弃。即便没有半途而废，硬着头皮做下去了，最终也无法取得可让人称道的成绩，到头来不但没取得应有成就，还浪费了自己的时光。因此，成功的人首先一定会选择自己真正热爱的事。

（二）选择自己所擅长的

仅仅选择了自己所热爱的还不够，我们要想真正有所成就，选择的事同时还必须是自己所擅长的。从事了自己不热爱的事，人会很无奈的，就无法激发出自己的热情和灵感；如果选择了虽然自己热爱，但不是自己所擅长的事，人一定会很痛苦的。我们必须承认人与人之间的差异性。同样一件事，有些人做起来得心应手事半功倍，而另一些人做起来却苦苦不得要领，事倍功半。同一个人做某一类事情会觉得很轻松，而去做另外某类事情，却表现得非常吃力、非常笨拙，感到力不从心。每个人都有各自的长项和弱项，都有各自的擅长和不足。**成功的人也并不是处处都很强，无所不能。他们之所以能取得成就，之所以很成功，是因为在他们所从事的事业中，自己的优势得到了充分的发挥**。他所从事的事情，不但自己非常热爱，而且自己还极为擅长。人们只有在自己擅长的领域，才能释放出自己的潜能，展示出超凡的能力和自信，才能取得别人无法比拟的成果和功效。（本书第二部分对此有更详细论述）相反，如果一个人从事的职业，虽然自己非常热衷和痴迷，自己对此强烈向往，但因缺少这方面的天赋，不是自己所擅长的，即使孜孜不倦长期努力，也总是力不从心缺乏长进，始终在苦苦挣扎，最终无法取得理想的成果。这也就是很多人在某些方面奋斗了一辈子，始终没有建树的最根本原因。

（三）选择有益于社会并符合时代发展潮流的

我们选择做的事，必须有益于社会和他人，不应该对社会有害，这是一个人最基本的道德体现。同时应该指出：我们的职业、发展方向的选择必须符合时代发展的要求。时代的发展和社会的不断进步，对人也有不同的知识技能要求。人们所从事的行业也随着科技的进步和社会的发展而不断发生变化。新的时代会不断诞生新的行业和新的职业，同时因时代的发展，一些原有的行业也会随着科技的进步而被新的行业所替代，一些旧的职业也可能会被别的职业所取代或被淘汰。这就要求我们在选择人生发展方向和学习知识技能时，必须与时俱进，跟上时代的步伐。我们只有选择了符合时代潮流、适应社会进步和发展的职业，才是明智的和有益的，否则不值得。假如有的人选择了明显落后于时代的职业，沉迷钻研于一些当今已经过时或早已被时代淘汰了的技能和手艺，即便他自己对此无比的钟爱，即便他在这方面的技能掌握得精湛娴熟，也绝不可取，最终能被社会所认可的价值也是微乎其微的。如果自己的职业选择不符合社会发展潮流，最终将会被时代所抛弃，被社会边缘化。

心中梦想与远大目标

每个人的一生都要经历很多事情，有顺心的也有不顺心的。人生路上都会遇到一些挫折，会错失一些机会、可能会走一些弯路，也难免会犯一些错误。任何人的人生绝不可能完美无缺。人到了垂暮之年，回首一生，难免会有许多遗憾。人的一生没有任何遗憾也是不可能的。**要做一个成功的人，就要让自己的一生尽量少留下遗憾，或没有特别大的遗憾。**人生最大的遗憾，不是曾经做错了什么，或是经历了某些不幸的事。因为人非圣贤，犯错在所难免；人非神仙，一生中经历什么，自己无法掌控。**一个人回顾一生，真正最大的遗憾是你本应该能够经历的，却没有经历；本应该可以取得的成就，却没能取得；本应该有更多的精彩，却在你的身上没有发生。**

如何才能避免这样的遗憾？这就需要我们心中怀有梦

想，从开始就为自己树立远大的人生目标，并终身为之奋斗。只有这样，我们到了生命临近终结的时候，扪心自问，自己才不会为虚度年华而悔恨，不为碌碌无为而羞愧。

每个人都有自己的梦想。梦想就是我们内心中最渴望实现的、挥之不去的期盼和希望。**大多数普通人，把自己的梦想只当作梦，觉得只是幻想而已，从未想过如何去实现它，甚至认为它根本不可能实现。而优秀的人，把梦想转化为自己人生的奋斗目标和努力的方向，把实现它当作自己毕生的追求。**

被誉为“魔幻厨王”的面点师傅王军就是一个鲜活的例子。

1986年出生于山西省昔阳县的王军，少年时父亲就去世了。为了减轻母亲的负担，王军带着20元钱到城里寻找生计。他孤身一人没有技术无人帮衬，只能到饭店面馆里打工。他工作特别勤劳极为努力，辛勤地学习并苦练各种技能。

他干过几家饭店，凭借着自己的勤奋，终于在面馆成为后厨一名专做拉面的面点师。也是从那时起，他渐渐地萌生了一个念头：如果我的工作随时可被人替代，那我就没什么价值了，要做就要做到最好，让别人无法超越。自己要成为一名别人无法替代的面点师。

王军就是一直怀揣着这个目标，在以后的工作中苦练拉面的手法，十几年如一日，每天反复进行同样的动作。随着时间的推移，他的手艺日益娴熟。王军说："正常拉面是8扣或10扣，每多拉1扣，困难就会增大很多。但面条又是有'灵性'的，只要掌握了面性、水性，就能做出与众不同的面条。我掌握了这个'灵性'，再加上成千上万次的练习，现在我能拉到16扣到18扣。就是说，1公斤的面粉，我能拉出6万多根面条，加起来有468公里长。"

现在，王军是拉面3项吉尼斯世界纪录的保持者。他凭借着超人的拉面技能，登上了中央电视台，甚至走出了国门，被媒体誉为"魔幻厨王"。

要成为一个优秀的人，成就一番事业，我们要像王军那样，在心中为自己树立起一个远大的目标。目标的远大，主要应体现为两个方面：

第一，极为渴望，极具吸引力

我们在心中为自己树立的目标必须是我们自己非常渴望的，是和自己的梦想相关联的。**它应是我们发自内心想要的，不是别人强加于我们，迫使我们接受的。**它是我们内心深处的愿望的具象化表现。我们在成长的过程中，如果有一种东西深深吸引着我们，在脑海中挥之不去，每想到它，我们就异常兴奋、热血沸腾，充满期盼和力量，内心仿佛一直隐藏聚集着一种力量，随时准备为它释放和倾注，那么，这个东西就是我们的梦想所在，就应该是我们要为之奋斗的目标。

我们为自己设立的远大目标必须是自己的梦想所在，是自己发自内心的追求，而不应该是出于其他原因，受到外界环境影响所做的选择。假如一个年轻人，为自己设立的目标是做一名出色的演员，不应该是因为羡慕大牌明星有多高的片酬、有很大的名气、拥有多少的粉丝，而应该是因为自己发自内心喜欢表演，非常容易入戏，一旦面对镜头或扮演上某个角色，自己就非常亢奋，能够迅速地将自己融入角色，专心致志且心无旁骛地投入其中。如果一名学生，想报考法律专业，立志毕业后做一名律师，应该是出于自己对律师职业的热爱，喜欢钻研法律，想为受到不公的人伸张正义并善于思辨，而不应该只是因为听从了别人的劝导或看中了律师较高的收入。

第二，极具挑战，不易达成

远大的目标一定要极具挑战性。如果过于现实，过于普通，实现比较容易，就不能称为远大的目标。**远大的目标必须是很难实现的，需要付出极大努力的，并且是多数人做不到的**。如果为自己树立的目标，是多数人都能够达到的，那就算不上远大了。远大的目标，要实现它，一定是自己现有能力和资源不足以支撑的，需要经过一番极大的努力才有可能的。实现它不是一蹴而就的，更不是唾手可得的。为了它，我们必须要长期全身心的投入，付出自己几乎毕生的心血和精力。正如日本著名实业家稻盛和夫所说，“要付出不亚于任何人的努力”。我们在追求远大的目标的过程中，既需要付出艰苦的努力，还要承受巨大的风险和极大的煎熬，要随时准备并积极应对任何不利局面的出现。为之奋斗的过程中，会有曲折会有挫败，会伴随着许多艰辛和磨难。远大的目标的实现是极不容易的。一旦树立这个目标，我们就要用毕生的精力为之奋斗。为了它的实现，我们要对自己所付出的代价无怨无悔。

所有伟大的人物在所从事的非凡事业中，能获得如此非凡的成就，都是因为他们心中怀有远大的志向，并长期为之奋斗的结果。要追求远大目标的实现，需要我们有坚强的意志和一往无前的决心及勇气。这就是说，我们要有强烈的目标感，目标感比设定具体目标更重要。因为，这个远大目标是我们发自内心深处的诉求，它不是别人强加给我们的，更不是为了迎合社会上流行一时的社会标准而赶时髦。它是我们自己的梦想所在，是内心真我的呼唤。想到它，我们就情不自禁无比激动；不能实现它，我们总觉得有所缺憾，心有不甘。远大目标，能激发我们内心的使命感和崇高感。我们觉得为实现它而做的努力，对我们来说是最有价值和意义的事情。我们既陶醉于未来实现它后而带来的喜悦和惬意，同时能够始终享受着，为了它的实现，自己付出的艰辛努力所带来的兴奋和满足。它永远激励着我们百折不挠地勇往直前。

远大目标，不为之付诸行动是永远不可能实现的。为自己心中梦想和远大目标而付诸行动，任何时候都不晚。我们不应因为自己年龄的增长（特别是人到中年以后），就认为实现梦想和远大目标的机会已经错过了，自己没必要再为它去费力气折腾了，它对自己来说已经是不可能的了。这种想法是非常错误的，人生仅此一次，对任何人来说，只要我们自己心中怀有梦想，到任何年龄段为之奋斗都不应算晚。以往的经历和错过的时机，我们都要把它理解为，是为今天的努力所做的准备和预演。**如果我们感觉自己人生中实现梦想和目标的最佳时间已经错过了，那么我们现在应该清醒地告诫自己：实现梦想和目标的第二最佳时间自己绝不能再错过，那就是现在，就从今天开始。**过往的一切，都是为今天所做的热身。

成为受欢迎的人

通向成功的路是不平坦的，路上会面对各种艰难险阻。一个人要战胜这些艰难险阻走向成功，需要具有多方面的能力和极好的个人素质。在这方面，中国古代先人在几千年历史中沉淀的文化精华和人生智慧，给我们后人留下了很好启示和指引。中华优秀传统文化永远是我们取之不竭的宝藏。《易经·象传》中讲："天行健，君子以自强不息；地势坤，君子以厚德载物。"这句话告诉我们，一个人要成就一番伟大的事业，不仅要有远大的志向、顽强的意志和百折不挠的精神，同时还需要有博大的胸怀和非凡的气度，要能包容一切应该包容的事，能团结一切需要团结的人。奋斗的路上，你要随时准备应对各种变故，需要积累和历练多方面的能力，这样才能使自己始终立于不败之地。在这些应具备的多方面的能力中，非常重要的是与人交往的能力，与人打交道的能力，理解和影响他人的能力。

一、什么样的人受人欢迎

从哲学角度讲，人的本质是一切社会关系的总和。亚里士多德说：人是一种社会性动物。这就是说，任何人都离不开社会，都不可能独立于社会和其他人之外而存在。社会化使人学会与他人相处，共同参与社会生活，增强人类内部的人际联系。

任何一个人做任何事，都免不了要涉及别人，要不断地与其他不同的人打交道。与人交往的能力，与人打交道的能力，是一个人基本的生存能力。与他人之间形成良好的互动，是一个人要想在世上很好地生存下去所必需的。心理学家说：高质量的人际关系是幸福感和成就感的主要源泉之一。一个人生活中绝大多数的幸福感来自与他人和谐的人际关系。俗话说，一个好汉三个帮。我们要实现远大的目标和梦想，做出较大的成就，成长的路上就需要同许许多多的人打交道，需要得到无数人的帮助和配合。人际交往能力是我们奠定发展基础，进而走向成功的一项重要能力。

人际交往能力是建立在同理心的基础之上的。同理心这一心理学名词，简单地说就是理解别人内心感受的能力。同理心分为三个层次：一是关注别人的感受；二是能体会别人的感受；三是通过体会别人的感受，从而能洞悉对方的想法。人际交往能力的核心体现在两个方面：在认知方面，通过与人交往，不仅能准确理解对方的感受，并能以此推测和判断出他内心的想法和期望；在行为方面，通过与人交流，能够有效地调节他人的情绪，用情绪感染别人。

我们要想培养和提升自己的人际交往能力，就必须从关注他人、关注身边人做起。学会关注别人，是人生成长的必修课，这是能够了解别人影响别人的起点。我们做任何事，都不能只考虑做这件事自己怎么想，要懂得考虑如果做了这件事，别人会怎么想。要思考哪些人会高兴、会支持，哪些人会不高兴、会抵触。我们待人处事要保持良好的心态，要学会掌握人的基本心理，要关心重视他人。我们要想有所作为，做成一些事情，必须懂得寻求更多人的支持和帮助。这就需要我们在个人努力的同时，还要争取接触更多的人，结交更多的朋友，建立起广泛的人脉，要让自己成为一个受人欢迎的人。

每个人都想成为受别人欢迎的人。有的人为此满脑子想着如何营销自己，寻找一切机会向别人展示自己的颜值，或标榜自己显赫的背景，不断表现自己的才华和技能，希望能够吸引人们的注意，从而打动别人，以此提升自己在众人心目中的形象。这样做的人，其结果往往适得其反，不但没有得到所希望的好评，还容易被人认为有造作卖弄之嫌，引起别人的反感。

我们要想真正成为受欢迎的人，正确的做法是放下自己，先去真心地去关注别人，关注那些我们应该关注的人。从心理学角度讲，每一个人生活在这个世界上，都希望自己被了解、被关爱、被重视。我们在不断接触和了解这个世界和其他人的同时，也渴望自己被这个世界所了解，被其他人所关注和重视。简单地说，渴望被别人在意，是一个正常人的正常心理需求。如果这个愿望得不到满足，我们感到不被别人理解，不被人重视，我们自己的内心会感到失落和痛苦。同样，如果有人能及时准确地体会我们的感受并给予理解，我们会感到欣慰并对他（她）心存感激，会对他（她）情不自禁地流露出感激之情。这种感激愈发强烈，我们就会产生出一种也想要了解他（她）的愿望，以此回报对方。

说句大实话，每个人内心真正喜欢的人都是自己，而且我们每个人心中的自己总是比真实的自己美好得多。其实，某个人如果喜欢你，不是因为他（她）对你产生了什么

感觉，觉得你有多好，而是因为你的存在，让他（她）对自己产生了与以前不一样的感觉，觉得自己变得更美好了。他（她）感受到，这种觉得自己更美好的感觉是你给他（她）带来的，他（她）觉得你是这个世界上，他（她）所遇到的一个真正懂得他（她）理解他（她）的人。正是因为如此，你在他（她）心目中的地位就提升了，你就被他（她）喜欢了。所以，所有受欢迎的人都是那些懂得关心别人、欣赏别人的人。一个人要真正获得别人的好感，不应该总是想尽办法展示自己有多好，而是应该想办法去关注别人、在意别人，让别人感觉好。不要总想着如何让别人对你感兴趣，而是要先对别人产生兴趣，主动接近和了解别人。真正的人际交往能力高手，他们与人交往，从不吹嘘自己，也很少谈自己如何如何。他们总是非常在意对方，表现得非常关心、非常理解对方的情感，非常会欣赏对方。和这样的人交往，总是让别人极为舒服。人们通过与他交往，感觉到自己更喜欢自己了、更自信了，并且这种感觉是他带给我的。总觉得与他交谈后，感到自己很重要、很有价值，只有他是真正理解并认可我的人。从而自己更愿意与他交往，更信任他，也更愿意响应他的诉求。

二、与人交往应注意的几点

我们要想在社会上得到更多人的帮助，培养和提升自己的人际交往能力，就必须先转变观念。我们要从更多地关注我们身边的事，转变为更多地关注我们身边的人；从关注我们自己，转变为关注他人；从只在意我们自己的感受，转变为更多地在意和体会别人的感受。这种转变，落到行动上，就要有意识地从关注了解身边的人做起，要去主动接触他人。

如何与人接触，怎样能更好更快地让更多的人所接受，需要我们自己认真做一些功课。先要从着装上入手，自己的穿着打扮要整洁得体，让人感到舒服，让人愿意接近，同时还应该在言辞举止等方面下功夫，要通过与人交流的过程，不断丰富完善自己，并同时享受由此给我们自己带来的快乐和满足。

如何才能更好地认识更多的人，也让对方在意你，我认为要特别注意以下几点。

（一）要记住对方的姓名

我们可能都曾有过这样的经历：一个过去曾经偶然有过一次谋面的人，再次见面，对方热情地叫出你的名字，你会非常高兴；一个与你交往不深的人，事隔多年与他（她）再次相遇，你若能迅速准确地叫出他（她）的名字，你会从他（她）的眼神里看到他（她）那种异常的兴奋和与你重逢的喜悦。同样，我们可能也都曾经历过，与某人相隔一段时间再相遇，因一时叫不出对方名字或叫错对方姓名，而产生的尴尬和窘迫。

姓名是一个人存在于这个世界上的符号，它对每一个人来说都是极为重要的。尊重某个人、重视某个人，要从准确记住他的姓名开始。戴尔·卡耐基说："一个人的姓名是他自己最熟悉、最甜美、最妙不可言的声音，在交往中最明显、最简单、最重要、最能得到好感的方法，就是记住对方的姓名。"如果与你交往过的人，你能对其中的绝大多数，记住他们的姓名，等再次见面时能够准确并礼貌地叫出来，那么你在人际交往中就多了一项优势。能否准确记住别人的姓名，关键不在于你的记忆力好坏，而是在于你是否真正在意对方。

记住别人的姓名，不但要叫对，而且还要写对。中国文字是象形文字，有许多同音不同字和同字不同音的情况。每个中国人的姓名都是由几个特定的汉字组成的，以此体现每个人的独立个体性质，不应该被念错写错。不把别人的姓名念错写错，是每个中国人应具备的能力和素质，也是对对方最基本的尊重的体现。如果我们能叫对某个人的姓名，但写错了，写成了同音的别的字，就不是很好，不够礼貌。特别是不应把人家的姓写错。中国人对姓氏极为重视，体现着对自己祖先的尊重。中国同音不同字的姓氏很多（如zhāng：张、章；yú：于、余、俞；qí：齐、祁、亓等），这些完全是不同的姓，绝不应该搞混。还有些字，因为同字不同音，用在姓氏上读特殊的音（如：解xiè、仇qiú、单shàn等）。写错一个人姓名，就好像不是在说他，而是在说另外别的什么人。假如，有人把“纪晓岚”写成了“季小兰”，说自己非常佩服电视剧中此人的文采。你可能很容易误解为，这人是在说某部时尚青春偶像剧中某个文艺女青年的形象，不容易联想到清朝乾隆年间赫赫有名的大学士。如果你能记住并准确写对一个人的姓名，说明你在意对方，说明对方在你心目中占有重要位置，对方也会因此而在意你。所以在意某个人，就首先要准确记住他（她）的姓名。

（二）学会倾听

如果想向某一个人表示友好，想快速拉近与他（她）的距离，最有效的方法就是全神贯注地听他（她）讲话。每个人都希望有人认真倾听自己说话，这对说者来说绝对是极大的满足。听一个人的说话，你能从他（她）那里了解到更多你想了解的东西，并且通过倾听，你还能细致地观察到他（她）在叙述过程中，传递出的情感变化和非语言信息，能够更准确地掌握他（她）此时的心境并更好地揣测到他（她）的内心想法。在倾听的过程中，尽量不要打断对方，让他（她）尽情地说。当他（她）谈到很激动时，你要表现出非常理解；当他（她）讲到很得意时，你脸上的表情要表示出认可的神情。如果他（她）在诉说中强烈重复什么，想得到你的呼应时，你要表现出全神贯注的表情，让他（她）感到你的重视；如果觉得他（她）的表述有道理，你要说出一两句简短肯定的话，以此作为回应；如果觉得他（她）的表述难以让你认同，也不必表示出疑义，要继续保持全神贯注的表情，可以说上一两句不痛不痒、模棱两可的话来应对。无论任何情况下，你的倾听都会让对方感到非常满足。他（她）会觉得你是一个很好的听众，会愿意向你讲出更多的话，传递更多的信息。你与他（她）之间的距离自然就拉近了。

（三）不吝惜对别人的赞美

我们在与人交往过程中，时常地赞美别人，不但是必要的，有时还是必须的。能够懂得赞美别人欣赏别人，是一个人高情商的表现。我们要学会有意识地经常对身边的人、打交道的人，用自己的言语进行赞美或给予肯定。日常生活需要经常与人交流，我们需要随时注意称道对方，不要吝啬自己赞美的言辞。当人家对你给予了帮助，你在表示感谢的同时，要称赞对方的爱心和助人的美德；当人家向你展示他特别得意的某一方面时，你需要马上表示赞赏；当人家讲自己过往的成功经历时，你要表示出钦佩或肯定；当人家与你探讨问题，讲出一套观点和想法时，即使你对此未必完全赞同甚至不赞成，也不必表示质疑，可以说自己觉得这些观点和想法很新颖很有新意，以前自己还从未想到过这一点，表示会认真考虑。

有许多朋友总是羞涩于赞美称颂别人，甚至感到自己违心地把别人说得过好，太肉麻、太庸俗。不但自己难为情，也生怕说出来会让对方觉得你虚伪，担心产生负面影响。其实，这种担心多数是不必要的。诚然，任何赞美都要有个度。超出这个度，任何好话都会变味，当然得不到好的效果。但要说明的是，有些人说出的赞美别人的话，之所以没得到期望的效果，引起对方的反感，主要原因不在于赞美本身，而在于赞美的不是地方，没有赞美到该赞美之处，也就是说没搔到对方的“痒处”。

每个人都有长处和短处，都有自己引以为荣的地方，也有自己不愿谈及的地方。你将某人自己都不认为是其长处的地方，大加赞颂，他自然不会心悦，会觉得你的话太虚伪，甚至怀疑你说话的动机。比如面对一位沉于思考、内向少言的学者，你应称赞他学识渊博，而不应是称赞他多么有魄力、多么决断果敢。再比如，面对一位生活殷实、看上去丰满华贵的女士，你若夸她身材苗条，而不是端庄、和蔼、风度优雅，你想想她会作何反应？

你赞美某个人的地方，如果正是对方自己引以为荣、引以为傲之处，即使你赞美的言语有些言过其实，即使你自己都觉得有些言不由衷，但对方也照样受用，也会欣然接受，内心的喜悦溢于言表。因为每个人心目中的自己都比实际的自己好得多。你对他（她）言过其实地夸奖，在他（她）看来一点都不过。你称赞他（她）这方面非常不凡，正中其下怀。他（她）不会认为你是在恭维，反而会认为你很敏锐、有智慧、眼光独到，一下子就发现了他（她）的非凡之处，他（她）内在极高的价值终于被人发现认可了。他（她）会认为你的话不是言过其实，而是在向真理靠近，会从内心开始喜欢你。这就是为什么所有的人都喜欢听对自己的赞美的真正原因。

赞美别人就自然拉近了你与对方的距离，对方对你的印象自然就加分了，和对方打交道并争取到对方的合作也自然容易得多了。

（四）关注别人的偏好

我们与人交往，还需要更全面地了解对方，这方面需要特别花精力。要找一切机会去了解：他是怎样一个人，他特别关注什么。你要全面地了解一个人，就需要去了解他（她）的喜好和兴趣：他（她）特别喜欢什么，不喜欢什么；他（她）最愿意谈论什么，不愿意谈论什么；了解他（她）的过往经历中，他（她）最得意的是什么，最不愿意提及、最忌讳提到的是什么。

如何去了解一个人？古代圣贤早已教给我们了解的途径。在《论语》中孔子讲："视其所以，观其所由，察其所安，人焉廋哉?"就是说要想去了解一个人，要去了解他（她）平时交往的都是些什么人，他（她）的成长经历是怎样的，再观察他（她）对什么感到安心和宽慰。了解了这些，这个人你就基本清楚了。他（她）平常交往什么样的人，他（她）自己就可能是什么样的人；他（她）既往的经历，会造就他（她）的情感喜好和为人处事的态度，了解了他（她）的经历，就可判断他（她）的思想脉络；他（她）在意什么，满足于什么，会影响到他（她）希望未来得到什么，比较害怕遇到什么，从而就能知道他（她）的价值取向。知道了这些，就相当于掌握了他（她）这个人的基本习性，与他（她）打交道心里就有底了。

纵观以上所述，一个人如果做出了正确的人生方向选择，树立起了远大的目标，培养和历练了自己较强的人际能力，那么通往成功的道路就打开了。

“傻子”、“疯子”和“骗子”

社会中人是千差万别的。每个人都在复杂多变的社会活动中扮演不同的角色，每个人的人生态度表现为不同的特征。仅以对待人生的态度，我把人大体上归为三类，分别是：“傻子”、“疯子”和“骗子”。这仅为生动幽默的比喻，没有任何不敬之意，都是打引号的。

第一类：“傻子”

这一类人普遍而众多，他们是社会人群的主体。**他们比较容易接受并服从现实，对客观环境有着敬畏和依赖的心理。他们的思维简单而机械，接受并认可被灌输的信条和逻辑，容易受别人影响。这类人天真地认为，人必须依照天经地义的信条和准则做事**，对貌似正义和权威的人，有一种本能的敬仰和顺从。“傻子”们相信付出与回报有着必然关系，认为付出多少，就会有多少回报，要获得高回报必须自己多付出。

他们会情愿或本能地去劳作、创造、付出，从未考虑也很少担心自己的劳动成果会被别人窃取，即使未得到自己所期望的结果，也从不对自己原有的想法和做法产生任何质疑。不管是情愿也好，不情愿也好，都会继续做下去。

第二类："疯子"

这类人在社会人群中始终居少数，可以说是现实社会的另类。**他们怀有一般人不会有的梦想和欲望。他们怀疑并对抗现实，渴望他们自己内心的自由。他们心中没有固定的信条和约束，有一种与生俱来的使命感和自豪感，本能地肩负着改变现状和拯救世界的责任。**他们想常人所不曾想，为常人所不敢为。他们被自己伟大的梦想和自己的直觉所驱使，蔑视一切功利、世俗和困难，心中只有所向往的梦想。"疯子"们从不计较为此投入了多少，而只关注产出。他们不在意别人的看法和现实的环境，思维跳跃而且大胆，对自己的梦想保持着至死不渝的热情和执着。

第三类："骗子"

这一类人比较特殊，在社会人群中数量虽大大少于"傻子"，但远远多于"疯子"。**这是一些注重心计、专心于利用别人的人。他们蔑视约定俗成的社会规则，利用社会中多数人群中人性的弱点，诱导和影响其他人按他们所希望的某种**

方式行事，从而达到自己的目的。他们有着自己清晰的目标，对现实状况有着细致的观察，善于捕捉有利于自己的时机和空间。“骗子”是三类人中最重视与别人的关系的，他们通过说服和操控别人来行事，利用其他人的错误和愚蠢，实现自己的成功。“骗子”一心致力于将别人的成果转记在自己名下，追求少投入多产出，不投入有产出，有投入快产出，通过别人的投入，自己得到产出。通过占有他人的成果，实现自己收益最大化。

“傻子”、“疯子”和“骗子”三种人在社会发展过程各有所为，各有所获，相互作用，缺一不可，共同构成影响社会进程和促进人类社会发展的因素。从剔除道德因素的客观视角来看，三类人不能说哪一类好，哪一类坏，它反映着人们对社会和自己，所持的不同态度和价值取向。三类人以各自的思维和行为方式，起着各自在社会中的作用，都做出了自己的贡献。**“傻子”遵循现实主义和天真的盲从主义，一切按被灌输的既有的理念行事；“疯子”表现为理想浪漫主义和冒险主义，一切凭自己的直觉和理想愿望行事；“骗子”则突出表现为实用主义和功利主义，一切以更有利于自身利益的取向行事**。“傻子”人数最多，对社会最终的贡献最大，是社会财富创造的主体，也是实现社会发展的基础力量，是社会财富创造者和社会发展的实践者。没有这类人，人类社会的一切成果就无从实现、发展无从谈起。“疯子”意识超前而大胆，敢为天下先。他们不断突破既有的框架和思路，进行创造性地尝试，使人类发展水平不断登上一个又一个新台阶。没有这类人，社会发展就会很慢，会长期在一个水平上徘徊，无法跨越式发展。“骗子”具有精明的头脑和敏锐的眼光，懂得怎么用较少的代价获取更多的回报，重视投入产出比。他们通过自身的影响，对社会各方面的资源进行了有效整合和利用，使社会其他成员的能量和贡献，通过这种利用和整合，效能得到了充分的发挥和放大。虽然这类人的存在，从道德层面上说可能会对其他类型的人有某种伤害，但如果没有这类人，社会的发展就不会高效率，也不会产生如此高的效能。

“傻子”一味地遵守和服从既有的规则，“疯子”一味地追求突破和冲击既有规则，而“骗子”则致力于根据自身现实目标的需要，对既有规则，既不盲从遵循，也不一味破除，而是进行灵活地变通和不断做出更有利于自己的解释和修订。

这三类人在社会中发挥着各自作用和价值，也各自表现着他们具有的独特优势和能力。“傻子”表现为较强忍耐力和执行力；“疯子”表现为独特的想象力和创造力；“骗子”则具有前两类人不具备的洞察力和说服力。

这三类人并不是完全各自独立的存在，有一些人同时具有“疯子”和“傻子”的特征。这种人既有“疯子”的奇思妙想和敢于冒险的精神，同时又有“傻子”的简单的思维方式和认真执着的态度，不患得患失。在这种人中比较容易产生出科学家和发明家。另有些人同时具有“疯子”和“骗子”的特征。他们既有“疯子”敢于与环境抗争的冒险精神和致力于改变的使命感，同时又有“骗子”捕捉一切机会的敏锐力和对其他人很强的影响力、说服力。因此在这种人中很有可能产生政治家和领袖人物。

“傻子”与“骗子”之间则没交集。没有人会同时具有“傻子”和“骗子”的特征。因为“骗子”的成功是寄托于对“傻子”的影响之上的。

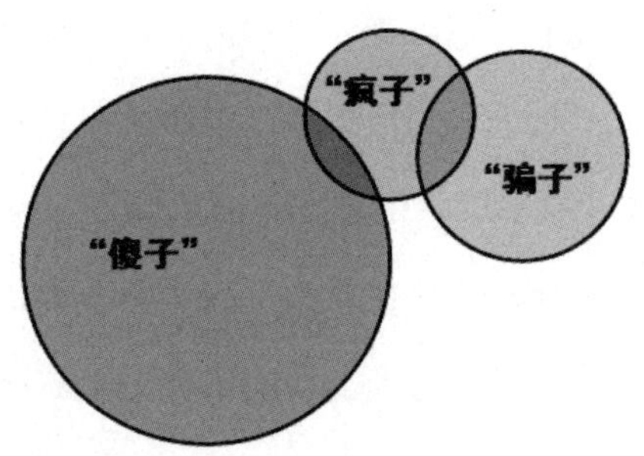

说到这里，不要错误地理解为“骗子”都是成功的，“傻

子”都是失败的。其实在现实社会中，虽然相对地看上去，容易感觉“骗子”得到的实惠更多，而“傻子”比较吃亏，但事实上并非如此。仅就“傻子”、“疯子”和“骗子”这样的分类，不能界定成功还是失败，每一类型都有一些成功的，也都有不少失败的。“傻子”如果通过努力，得到了自己所希望的东西（虽然得到的与自己的付出不成正比）或得到了更多人的肯定，那他就是成功的，而且是幸福的，可以说是“幸福的傻子”。电视剧《士兵突击》中的许三多就可算上是成功的“傻子”。“疯子”，如果他的奋斗最终产生了积极的社会效果，他的思想最终被世人认可和肯定，那他就是成功的，还可能被喻为英雄，被后人称颂。相反，如果他的努力和奋斗最终不能产生积极的社会效果或对社会产生了某种破坏作用，那他就是失败的“疯子”，甚至会成为社会和历史的罪人。这样的“疯子”是可笑而可悲的。电视剧《亮剑》中的李云龙是成功“疯子”的形象，小说中的堂吉诃德则是可笑而可悲的失败“疯子”的化身。至于“骗子”，古往今来，运用自己敏锐的眼光、超凡智慧和手段、出色的口才，获得成功，赢得美誉，甚至成为人上人的不在少数。同时，因骗术拙劣，机关算尽到头来竹篮打水一场空，留下恶名甚至身败名裂的也大有人在。这方面，我想大家在以往的实际经历和接触中都深有感触和体会，就不必一一例举了。

本人对以上三类人的观点是：**“傻子”不能醒**。“傻子”必须一直“傻”下去，醒来的“傻子”会很迷茫和痛苦，甚至可能崩溃。**“疯子”不能停**。“疯子”要不断地“疯”下去，停下来的“疯子”会颓废，会憋出病来，最终会危及社会。**“骗子”不能多**。如果“骗子”太多，世上更多的人都在琢磨着如何去“骗”，那么社会就一定会乱套。

第二部分

职场人的正确心态

进入职场做职业人，是当今绝大多数人的选择。绝大多数人的成功是在职业发展中取得的，可以说是在职场上造就了成功。职场之路走得如何是决定大多数人成功与否的重要所在。本书从本部分起着重谈一下人在职场上如何实现成功的话题。本部分主要讲述职场人应有的正确心态。

牢记自己职业岗位的角色

作为职业人，我们每个人在职场上都身处不同的职业岗位。应该说，不同的行业、不同的单位性质，决定了工作岗位所需要的具体人才技能和素质。而我们身处的具体的工作岗位，又决定了我们必须承担的职责。做好本职工作，承担起岗位赋予自己的角色，是对每个职业人最基本的要求。胜任本职岗位工作，既是我们个人能够取得收入、保障自己生活需要、立足于社会的基本前提，又是我们谋求职业发展和实现事业成功的基础。职业岗位决定了我们的职场角色定位。

我们必须牢记我们自己所担任的岗位角色。我们不仅要知道我们自己是谁，从进入职场那天起，还必须要知道自己的岗位角色是什么，这个岗位需要我们扮演成什么样子。例如，做公务员，要时刻牢记国家各项制度、工作纪律和组织的要求，一言一行要极为自律；做公司职员，要时刻思考如何更好地完成上级赋予的工作任务，如何更好地服务客户，为公司创造业绩；做教师，要时刻不忘为人师表，心里永远装着教学和学生；做医生，要时刻心系病患，不断提升医技，实现救死扶伤。

因为我们承担着职场上的角色，所以自己的所作所为必须符合角色的要求。由于承担的岗位角色的需要，一些我们自己平常喜欢做的事，可能不能去做；有些话，由于岗位角色的原因，不能说。同样，一些自己平常不太喜欢做的事，由于工作岗位要求，我们又必须去做；一些必须要由我们口里说出的话，无论是否情愿，我们都必须说。这是因岗位角色决定的。（至于一个人的岗位角色与真实的自我之间应怎样保持一种平衡，本书第七部分会谈到）我们要想在职场上得到成长，第一步必须清楚和牢记自己所承担的岗位角色，认真扮演好自己的岗位角色，一切行为举止要与岗位角色的要求相符合。

注重发挥自己的优势

在职场上，每个人都有自己的岗位角色，都承担各自不同的岗位职责。无论是高级管理者还是普通基层工作人员，无论是技术专家还是业务人员、行政后勤人员，每个岗位的人都承担许多项工作，面对各种任务，需要多方面的能力。应该说，人与人之间的能力是有差异的。每个人都有各自的长项和弱项，有各自的优势和短板。在职场上，我们要想真正有所作为，在努力工作的同时，还要特别注重发挥自己的优势。

所谓自己的优势，说白了就是如果你做某方面事情，不费太多心力，做出的结果就比其他绝大多数人做出的结果要好，那么在这方面就是你的优势所在。每个人都有自己某一方面的优势和长处，也有某一方面的弱势和不足。有许多人在职场上非常敬业，一直非常努力，但工作成果长期不理想，一直没有做出让人满意的工作成效，自己也承受着极大的心理压力。这些人之所以如此，一个重要的原因是因为没有注意在工作岗位上，去发挥自己的优势。相反，有些人在职场上之所以干得风生水起，重要一条就是，在岗位上让自己的优势得到了出色的发挥。

作为职业人，我们担负着岗位赋予我们的职责，需要掌握多方面的技能，并在实践中不断磨炼提升，否则，我们就无法胜任工作要求。要胜任岗位工作要求，我们的各项工作成果都要达到岗位职责要求，做到合格。合格是岗位的基本要求，是岗位上每个人都应做到的。如果要想在工作岗位上干到优秀，我们必须要把自己优势和潜能全部发挥出来。只有这样，我们才能取得超出旁人的成绩。人的天赋不同、成长经历不同，每个人都有自己的过人之处，这就是自己的优势，只是在于我们自己是否重视发现和挖掘。有的人不清楚自己的强项是什么，苦于在工作中发挥不出自己的优势，其实这只是因为没有对自己进行全面深入的剖析，自己许多能力和强项未被发掘。

在职场工作中，我们需要注重发挥自己哪方面的优势呢？一定要注重发现和发挥那些我们自己具备而身边的人所欠缺的，同时又是实际工作中非常需要的能力。我们要坚信，只要能发现自己的优势，并让自己的优势得到充分的发挥，我们在职场上就一定能取得非常可喜的工作成果，做出超过常人的业绩。

在电视剧《闯关东》中，主人公朱开山家的大儿媳那文原本是清朝王府中的格格，因后来清朝被推翻，王府败落，只好自己一人投奔亲戚，最后下嫁给从山东闯关东来的农民朱开山的大儿子做媳妇。朱家人都是勤劳能干的庄稼人，家境小康。那文的公公朱开山更是一位传奇式的英雄，闯荡江湖历经风雨，有胆有识有谋。那文虽为长媳，但毕竟是贵族出身，小时候生活条件优越，现在嫁到一个农民家，别说下地种田，就是一般的家务活也都不在行，在婆家别说要建立自己的影响力，就是被公婆认可为合格的长媳都不容易。那文本人聪明伶俐头脑清醒，她知道仅凭从事女人的家务活，她无法作为长媳、长嫂在家中建立起威信和地位。她早年做过格格，有自己的优势，知道应该把这个优势充分发挥出来。她在认真学习基本的家务活的同时，先是凭借着自己的文化基础，开始教村里的孩子们识字，为朱家在村里赢得了好的声誉。后来，朱家雇用的农工消极抗工，不下地干活，负责管理这些雇工的那文老公一筹莫展。那文当即向丈夫传授了当年在王府时，她那当王爷的老爸如何调理治服下人的方法。然后在那文的导演下，夫妻俩设计下套，她老公上演了一出“钓鱼执法”的好戏，制服了带头抗工的二柱子，使对方乖乖地下地干活。当地富户韩老海与朱家作对，农忙关键时节拉拢走了所有可雇用的农工，朱家眼看着要面临巨大损失。这时又是那文挺身而出，她凭借着在王府里从小就娴熟掌握的打麻将的本领，只身与韩老海等三个朱家对头打了一通麻将，大获全胜，取得了三人签下的巨额欠条。用朱开山的话说，是给朱家赢回了半个家的家当。那文此举，不仅使朱家的局面峰回路转，农活得到保证，让韩老海折服了，而且还让朱家全家人都对她刮目相看。从此那文牢牢确立了在朱家的地位和影响力。

在自己具有优势的方面，仅做得比别人好是不够的，还必须不断挑战做得更好，做到别人无法达到和超越的程度。**在自己的优势能够得到发挥的事情上，工作的成果不能只求达到符合工作要求，不能只做到合格，必须要争取做到优秀，做到别人很难达到和超越的标准，工作成果一定要超出上级和客户的期望**。用通俗的话说，在自己的优势方面，绝对不能满足于60—70分，要要求自己每次都必须达到95分以上，争取100分。这就需要我们在自己优势的方面，绝不能满足于眼前的水平，必须下更多功夫，付出极高强度的努力，要把自己的优势发挥到极致。我们自身所具有的优势是我们自己的幸运所在，是上天对我们的馈赠。**把我们自身特有的优势充分地发挥和展现出来，造福于社会，造福于我们所处的时代，是我们每一个人所拥有的权利，也是我们每个人所应尽的义务。**

同时，我们也要清楚，我们自己也有弱项和短板。面对职场上工作的要求，**在自己弱项方面，要注意通过学习和改进以达到工作要求，但在克服弱项方面不必投入过多的精力和努力，不必求达到很高的水平，能符合基本要求即可。**过去的人，一直讲人要进步，必须要注意取长补短，努力改进自己的不足。现代社会，人们更注重扬长避短，把优势发挥到极致，弱势方面做适当的改进，使之不至于影响总的工作成果就行。也就是说，如果我们在自己的强项上，工作成果要达到95分、100分的话，那么我们在自己的弱项上，工作成果能达到60分合格就可以了。只有这样，我们的努力才能更聚焦，才能实现较高的投入产出比，我们的工作成效才能显著。

始终保持主动积极的态度

身在职场，我们面对着工作中的各种任务和挑战，需要始终保持积极主动的状态，刚入职场的年轻人更应该如此。对任何的工作，无论是本职岗位所承担的，还是上级临时交办的，都要主动乐观地接受，积极努力地去完成，刚到岗的新人更应这样做。面对一些自己比较生疏、做起来比较困难的工作，或者是自己不愿意、不喜欢做的琐碎繁杂的工作，我们都不应回避，都要积极承担下来，并按要求按时保质保量地完成。职场上有些人对待岗位职责以外的工作和临时交办的任务，总是采取回避躲闪的态度，认为多一事不如少一事，多干活是自己傻或是被人欺负。其实，这种想法是不对的。回避承担更多的工作，希望尽可能地少干活的想法，对职场人特别是新入职场的人来说是十分有害的。首先在上司和同事眼里，感觉你是一个懒惰、自私、挑剔的人，对你的印象会减分。更可怕的是，这样下去，会让你渐渐成为一个懒散消极的人，不但没得到工作中的历练，而且自己的心态也越来越差，沦落成为组织中的异类、差类。

态度决定一切，有什么样的态度，就会有什么样的结果。对职场上正在成长中的人来说，那些自己比较生疏的或自己不愿意、不喜欢做的事情，如果属于你的工作职责范围内的，你不做就是失职，应无条件去完成；如果是临时交办给你的，这正是给你更多历练的机会，应该积极地承担下来。把自己不愿意做、不喜欢做的事情做好，我们就又历练增添了一种新的能力，自己在组织中的竞争力就无形中增强了。你不愿意做的事情，往往也是别人不愿意做的事情。工作需要而大家又都不愿意做的事，上司对此类事情要求的标准也自然不会太苛刻，如果你认真地去做了，相信上司不会太难为你。你把握住了这个难得的机会，历练了自己，最终也能赢得上司和重要人物对你的重视。美国管理学家D·韦特莱指出，成功者所做的，往往是绝大多数人不愿去做的。不要轻视任何一件工作中你不愿意做的事情，哪怕这件事是一件小事，小到任何人都不屑于去做，其实它里面也蕴藏着机会。任何领导都欣赏和重视能自动承担起责任和主动做事的人。

我们刚进入职场或到一个新单位，一定要找一切机会，积极主动地多承担一些工作。自己分内的工作要争取高质量地完成，要让大家看到你的积极态度和工作水平。当团队中面临某些困难时，我们应主动多承担，尽自己所能寻找解决的办法。在初到职场时，千万不要太计较自己眼前的收入多少，不必把自己短期的付出与收入算得太清楚。如果你觉得领多少薪水，就应该干多少事情，自己的薪水太少，不值得干那么多事情的话，那么你永远只能领这么多薪水，因为你的能力得不到增长。每天多主动承担一些不属于你的职责范围但很有意义的事情，虽暂时得不到物质酬劳，却能让你多历练，多积累经验，多结交一些人，你的能力会得到增长。放长久看，你未来所得到的回报一定会比你想象的要多得多。你的能力提升了，即使你在原单位一直拿不到满意的薪酬，也一定会有别的单位出高薪来挖你。你当下的努力，为自己未来做了长期的铺垫和积累，是对未来的投资。这体现了你真正的高智商和高情商。自驱力是一种特别的行动能力和素质。你自己明白什么是真正有价值的事，不用别人去推动和督促，能主动热情、认真地且持续地做，你的职场成功之路必定会越走越宽。

第三部分

职场上需具备的能力

一个人在漫长的职业生涯中，需要掌握和积累多方面的能力，而且在不同的行业、不同的岗位和不同的环境下需要不同的能力。职场上需要掌握的能力无法一一列举，本部分我仅根据个人的体会，重点提示几种无论做任何行业任何岗位都应具备的能力。

能控制自己的情绪

一个人能够很好地管理控制自己的情绪是很重要的。美国著名心理学家、被誉为“情商之父”的丹尼尔·戈尔曼认为，情商就是管理情绪的能力。他在《情商——为什么情商比智商更重要》一书中把情商概括为5个方面的能力：（1）了解自己情绪；（2）管理自己情绪；（3）自我激励；（4）识别他人的情绪；（5）处理人际关系。一个人如果具备了以上5种能力，他就不会受到不良的情绪困扰，不但能保持平和的心态生活，还能愉快地与人相处，获得良好的人际关系。

人在职场上，要处理方方面面的事情，随时可能面对各种麻烦和不测，这些都很容易影响到人的情绪。一个人能很好地控制自己情绪，在职场上就显得特别重要。我们所承担的工作角色，要求我们必须以成熟的心态面对工作。工作中与各种人物打交道，需要我们能随时调整自己的心情，不能让任何不好的情绪影响到自己。容易激动喜怒无常，对职场人来说是不可取的，这是缺少必要的情绪管理能力的表现。当今有些年轻人认为，在职场中隐藏自己的情绪和真实感受是一种虚伪，做人就应该更“真实”一点，应该过自己想要的生活：开心时想笑就笑，不开心时想叫就叫。在工作中得到一点好处，就喜形于色得意扬扬；遇到任何一点不爽的事，就立即表示出不满，甚至直接递辞呈走人。认为这样才是做真实的自己。这种想法和做法是幼稚并十分有害的。丹尼尔·戈尔曼说：“自我控制情绪即延迟满足和抑制冲动，这是所有成功的基础。”**一个人如果承受不了一点压力和委屈，不可能做成什么大事，自己也不会有任何长进。**

每个人都有正常的情感。人在职场中遇到不顺心的事是难免的，产生不良情绪是正常的，但这并不等于应该立刻将这种情绪发泄出来。问题不在情绪本身，而在于恰当的情绪表达方式。工作过程中会遇到各种事情，有些事会让你感到心烦，有些事会让你难受，有的事可能让你受委屈，甚至可能让你愤怒。关键在于我们应如何去面对。我们在遇到心烦甚至恼火的事情，让你感到愤怒时，一定要控制好自己的情绪。心理学家说，宣泄愤怒是平息怒火最糟糕的方式。在工作中，如果遇到让你恼火的事情，自己就暴跳如雷，让愤怒的情绪尽情地发泄，让怒火尽情燃烧，通常这并不能让你消气，反而会使这种情绪更加强烈。心存不爽而将怒气肆意宣泄，对平息愤怒几乎没有任何作用，更无助于问题的解决，还会让旁人看笑话。我们职场中人，要学会始终保持平和的职业心态，无论遇到任何事，都要保持冷静。即使内心情绪强烈，也不要立刻做出反应，应强制提醒自己先冷静1分钟，哪怕几秒钟也好。在了解了更多的情况后，再作出自己的反应。这样做往往比马上就做出反应，效果要好得多。遭遇特别不爽的事情，你要想办法让自己愤怒的情绪降温，可以暂时转移一下自己的注意力，去做点别的事情，等冷静下来后再换一个角度看一下所发生的事情，你可能就会产生新的看法和认识，自己的心情会渐渐平复。

我们在职场中，对于遇到的不顺心的事，不能经常抱怨。工作中难免会有些不称心或是委屈，我们要学会自我消化。《孟子》里有一句话："行有不得者，皆反求诸已。"遇到不顺心的事，我们应更多地反省一下自己。想一下，这样的事发生，是否与自己有哪些事情没有处理好有关，而不要总是去抱怨指责别人。自我反省的过程就是自我教育、自我提高的过程。自己遇到不公平的事，也不去抱怨，可以通过其它方式表达以寻求解决（可采用的方法很多，包括《厚黑学》

中讲到的“恐”和“补锅法”，后面第八部分会有所提及）。**如果能采用幽默的方式，把自己的不满和委屈包含在一两句玩笑之中表达出来，就是非常好的方法**。这样既能让相关的人知道了你的不爽，又没听到你的抱怨，让人挑不出毛病，感到你很大度，同时展示了你的睿智和幽默。有些时候遇到一些事情，即便是抱怨了几句，也要选择抱怨的对象，不能见谁都抱怨。**如果一次抱怨无效，就别再继续抱怨了**。抱怨的目的是表达不满，希望引起人们的注意和同情。你若发现自己的抱怨没有达到想要的效果，就该立即停止抱怨，切不可不停地念叨，隔三岔五老话重提。理由很简单，你的不满已清楚地传达了，不需要再去唠叨。再这样做会让人觉得你心眼太小斤斤计较。如果一个人口无遮拦，遇到任何不爽就抱怨个没完，逢人就讲，自然会被人看成“怨妇”。久而久之，就会成为被大家讨厌的人。上司会把他看成消极的员工，心存反感；同事们也会觉得此人情绪太负面，自然也都想远离他。

分得清楚是非和利弊

人在职场，整天都要面对方方面面、大大小小的事情，应对上上下下各种各样的人。职场是复杂的，我们的岗位要求我们必须能够在复杂的情况下，把自己所面对的事情处理好，不能有大的闪失。这就需要我们有很好的判断力，心中始终有清晰的判断标准，并有坚定的自我定力。

在社会上做任何事情，我们一定要懂得有自己的标准和原则，知道应该做什么、怎么做。当面对某一项具体事情的处理时，怎么处理才算是正确呢？我们首先要清楚是与非，知道怎么做才符合法律和制度规定，怎么做才符合客观实际和社会道义。工作中的所有重大原则问题上，我们自己必须始终坚持清晰的是非标准，绝对不能含糊。即使做某些事情可能会承受巨大压力，即使推动某些事情可能面临诸多阻力，但只要是正确的，我们都应义无反顾地去做、去推进。同样，一些严重违反规定、不符客观实际、违背基本道德的事情，即使有来自某些方面的授意，存在某些利益的诱惑，也绝不该做，这是大是大非问题。

在职场上，我们需要坚持必要的原则，有正确的是非标准，始终知道什么是对的，什么是错的。但是需要说的是，我们在处理每件具体问题时，在一些非原则的小事上，并不需要把所有的事都办得一板一眼；不需要每件事都去深究个水落石出，任何事情都论个子午卯酉，每次都分个你错我对。道理很简单，我们在职场工作，是为了追求自己的职业发展，追求实现自己人生的梦想和目标。**岗位工作中的一切努力，是为了推动单位组织工作目标的实现，同时也是为了我们个人工作成果的取得和个人能力的提升。有些事件若处理得死板、严苛，未必对最终组织目标的实现有多少直接的意义，对我们个人的成长和发展也没有什么特别的好处。**何况，我们所面对的各种事情是复杂的，我们所接触的人也是复杂的，我们不能总是追求纯粹和完美。古人云："水至清则无鱼，人至察则无徒。"我们在处理工作中的各种各样不同性质的事情时，要权衡利弊拿捏有度，这是身在职场所需要历练的一项特殊的能力。

怎样做才算得上拿捏适度？这就要求我们在面对具体问

题时，不但要考虑是与非，而且更要考虑利与弊，也就是说，不但要知道什么是对、什么是错，而且更要清楚如何做是对组织和我们个人是有利的。《孙子兵法》上讲："合于利而动，不合于利而止。"**许多时候，针对某个具体事情，我们应采取什么样的措施，在选择判断的标准时，"是与非"往往需要放到第二位，"利与弊"才需要放到第一位。**也就是说，出发点首先不是孰对孰错，而是怎样做能更有利于工作最终目标的达成，能更有利于自己在组织中的成长，推进自己人生长远目标的实现。

三国时期，曹操战胜袁绍后，下级报告从袁绍阵营中缴获了大量曹操的一些部下以前与袁绍阵营秘密交往的书信。按常理说，曹操发现内部竟有如此多的"内奸""里通外国"，现在铁证如山，本当一一查办严惩不贷，可是曹操却对于这些信件，看都没看就下令"付之一炬"。之所以这样做，是因为曹操明白，当初袁绍强大的时候，这些"内奸"只是想脚踏两只船，给自己留后路。如今袁绍已失败，而现在自己又正是需要用人之时，不予追究更能让这些人感恩这种宽恕，使他们从此能死心塌地地效忠自己。

我们在工作中，有些时候要能够包容，懂得适当的妥协，不能总是一味地较真、钻牛角尖。为了实现总的目标，在不影响大局的情况下，有些时候可适当变通让步；在一些非原则的问题上，可以相对“糊涂”一点。有时为了从大局着想，为了自己长远利益的考虑，在一些特殊的情况下，我们也要能承受一些眼前的委屈，即使自己并没有错，也不去争辩，可以违心地做些检讨，低头认个错，没什么大不了的。这样做的目的只有一个，就是能让自己迅速走出不利的局面，重新拿回工作的主动权，继续推进自己应该推进的事情，让自己的职业发展之路继续走入正常的轨道。

专注于最核心的事情

我们日常的工作中有许多事情需要处理，很多事情又容易纠缠在一起，处理起来颇费周折。我们的精力往往被这些事情牵扯，不能很好地专注，从而造成工作效率不高。有相当一部分职场人士不知道哪项工作属于主要的，哪些工作属于次要的。他们以为做工作本身就是成绩，只要自己没有偷懒，一直在忙碌着，就是优秀的表现。其实，这种认识是错误的，到头来很容易徒劳无功。法国哲学家布莱斯·巴斯卡说："把什么放在第一位，是人们最难懂得的。"在有限的时间内，获得最高的工作效率，这就要求我们对工作做排序，有所选择有所取舍，即把你认为最重要、最有价值、有利于实现你的目标的事情排在第一位。首先要把这类事情做好，这是最有效的工作原则。

要寻求在职场上得到长期好的发展，我们必须学会对工作中各类事情进行鉴别，分清它们中的轻重缓急，找出其中最重要最核心的事情，把精力专注于此，从而寻求突破。这就是抓主要矛盾。最核心的事情，就是对目前来说，影响你工作目标达成的最紧要最关键的事情。在一定时间范围内，我们需要抓住当期最核心的事情不放，要保持专注，只有专注才能有所突破。阳光照射大地，光线是发散的。如果你用一面凸透镜将阳光聚焦起来，照在一张纸上，不用多长时间那张纸就会燃烧起来。

我们做事情，也需要聚焦、需要专注，要抓住最重要的事情不放，坚持做下去，最终形成突破。**目标感和专注力是获得成功的两个必要条件**。乔布斯说："拥有专注力将改变你的人生。人们认为专注就是要对自己所关注的东西说YES，其实恰恰相反，专注意味着要对上百个好点子说NO，因为我们要仔细挑选。这就是我的秘诀——专注和简单。"

专注是一种能力，更是一种心态，要保持耐心，浮躁心态是要不得的。持续做重要的事往往是困难的，做起来短时间成效并不明显，过早地放弃，就等于失败。只有坚持下去，最终才有可能得到所希望的结果。各种的干扰是专注的大敌。我们专注的过程中，一定会不断遇到各种各样的干扰。往往你越想要专注，各种干扰就越会找上你。这时如果你没有相应的对策，那你就只能被各种干扰所影响，分心于其它，无法专注下去。我们要做到真正的专注就必须排除干扰。我们要排除来自自己内心的干扰，克服浮躁心态，清除各种杂念，同时要学会排除外来的干扰，专心做某件事，不能受其他别的事情影响。我们专注做重要的事情，就要尽可能地给它分配足够的连续的时间。在一定时间内，专心做这件事，其他任何事都要为其让路，不准打扰。我们处理完最核心最要紧的事情后，再去处理别的事情。核心的问题解决了，其它问题的解决也就容易多了。

勤于总结善于沟通

在职场工作中，我们需要不断地对过往的工作进行总结回顾，这对提升我们的工作水平是十分有益的，也有利于我们未来职业的长期发展。没有总结就没有提高。如果一个人不懂得对自己的工作经常进行回顾总结，很难有所长进。因为随着时间的推移，以往所有的经历就会慢慢淡忘了。成功的经历也好，挫折的经历也好，如果都没有沉淀，再次经历类似的事情，还要凭临场发挥，这样多少年后，人的能力很可能还原地踏步。

在职场上，我们应该养成经常总结回顾的习惯。工作一段时间，我们自己就要回过头来，回顾总结一下：这段时间哪些方面有成就有进步，哪些方面有失误有欠缺，下一步应怎么改善。处理完一件紧要并且比较棘手的事情后，自己在放松一下心情的同时，应该认真分析总结一下，为什么会出现这种事情，主要原因是什么，今后怎样尽量避免再出现这种事情。处理过程中哪些做法是正确的有效的，哪些做法效果不理想。下次处理这类事情怎么做效果能够更好，如果处理的结果比较满意，要总结一下成功主要在哪几点上，今后要把它总结成处理此类事情的固定方法；如果处理的结果不理想，也要总结一下主要问题出在哪里，今后再处理类似事情时应怎样去做。

经常总结，可以把一些好的做法，形成自己的一套固定的工作流程，成为一种模式。我们要自觉地把定期对工作进行回顾总结当作自己的重要工作内容之一，养成勤于总结的好习惯。经常总结，可以提高我们的工作水平。总结越充分，越能够提升自己的感悟能力；总结越深刻，对工作的理解就越有深度。总结回顾不能只是在自己的大脑里进行，最好用纸笔或电脑记录下来，形成书面有形的东西。一方面，好记性不如烂笔头，写下来不容易忘记，另一方面我们的总结沉淀只有书面化，才能清晰有条理，做到可保存、可分享、可完善。如果只是存在于我们的脑海里，分享时只凭头脑中记忆和临场即兴发挥，靠口头叙述，不进行书面化条理化，不但容易遗忘，而且也不能真正地做到清晰完整有价值，更不便于让听众听懂和受益，总结出的成果的效用就大大减损了。

因此，工作中的总结沉淀，不能只存在于我们自己的脑海里，一定还要体现在书面上；总结分享，不能只体现在红口白牙，还一定要形成白纸黑字。

对于职场人来说，沟通也是一项非常重要的能力。通常人们容易把沟通狭义理解为说话，认为说得多、很能说就是善于沟通，其实这不准确。**沟通真正的含义不只是说话，它包括两部分内容：说和听**。真正善于沟通的人，不仅会讲话，而且非常善于倾听别人说话，通过听，来准确把握对方表达的意思并给予反馈。沟通的高手，听的时候让人非常愿意说，说的时候让人非常愿意听。日常工作中，我们不断与各方面的人进行接触，各种沟通交流非常多。我们自己需要培养一定的沟通能力，才能在职场中有更大的发挥空间。其实，一个人会不会说话，能不能条理清晰地表达自己的意思，并不在于话多话少，而在于能不能将话说到位。

人说话的方式是有讲究的，**有时“怎样说”往往比“说什么”更重要**。**同样的内容不同的表达方式，取得的效果大不相同。不同的表达方式，会产生不一样的效果**。表达不仅限于口头表达，也包括书面表达。当年，曾国藩与太平军作战多次失败后，在给清朝朝廷呈报的战况汇报稿上，将“臣屡战屡败”巧妙地改为“臣屡败屡战”。

同样说了自己频遭败绩的实话，但仅通过两个字的前后调换，就将自己由一个连续受挫战绩丢人的败将，一下子变成了一个百折不挠顽强作战的勇士。结果朝廷不但没有责怪，反而给予了褒奖和慰抚。

在职场工作中，我们对上对下都要十分注意沟通表达的方式，以便取得尽可能好的效果。假如，因为市场形势恶化，我们所在的部门本年业绩比上年下滑了两成。我们在向上如实汇报时，应该这样说“本部门面对本年极为恶劣的市场形势，克服了种种困难，部门业绩仍达到了上年同期的80%”，而不应说成“因为本年市场形势极为恶化，本部门业绩比上年同期下降了20%”。假如，要向上级争取什么资源投入，一定要说自己或所负责的部门目前已取得了什么成绩，成果已多么多么诱人，如果再有XX资源的投入，工作成果必定会非常可喜，而不应说自己或所负责的部门目前多么多么困难，急需XX资源的投入，否则将很难走出困境。再假如，你的一个下属在工作中，擅自决定尝试做了某件事情，结果效果很不理想，还浪费了时间。事后，你找他询问，了解他当初想尝试做这件事情的原因。如果你采取以下两种不同的询问方式来问他，一种是“你当时是出于什么考虑决定这样做的？”另一种是“你当时为什么要这样做？”那么，你觉得这两种问法，哪一种会让他更容易接受，能如实地说出他当时的想法，而哪一种会让他反感，心中会产生抵触情绪呢？

我们工作中的沟通一定要注意及时准确，无论语言沟通还是书面沟通，都要突出重点、简明扼要，不能拖泥带水。向上级请示工作时，先要说清楚你自己的想法，即你打算怎样做，并讲明要这么做的理由，请他给出明确的意见；汇报工作时，要首先汇报目前工作进行的结果，即现在做到什么程度了，然后再讲所经历的详细的过程和下一步的打算。要尽量讲清目前的工作的进展程度和已产生的效果。撰写工作报告时，得出的结论要清晰明确，并要尽量做到结论前置，先简单说出自己的结论，然后再做详实论述。**汇报叙述工作的经历过程时，要着重讲清你自己在这个过程中发挥了什么作用，你采取了哪些行动，效果如何。我们在工作中发现了问题，向有关方面反映时，不但要讲清楚问题的所在及其产生的原因，而且同时要提出你对解决这个问题的建议。**即使建议并不成熟，也要提出来，至少表明你有过思考，你的态度是积极的。听取别人说话时，要认真倾听，不但要听懂他说的内容，而且要听懂其话外之音，明白他想说而没有说出的，知道他内心的想法。无论对他的话是否赞同，我们都需要立即用适当的方式给予回应，表示已清楚地接收到了他的信息，明白了他表达的意思。（这方面在第一部分中“成为受欢迎的人”的二、（二）“学会倾听”有所论述）这样，无论对他的想法支持与否，他都会感受到你重视他，他才会愿意今后和你做更多的交流。

第四部分

职场上如何做事

本部分重点谈一下，在职场上做事，需要特别关注的几个要点。

盯住工作的最终目标

职场上的一切工作，都以实现最终工作目标为目的。我们所承担的每项工作，都有具体的工作目标。每项工作的具体目标和每一阶段的具体目标的实现，都是为实现最终工作目标服务的。我们头脑必须始终清醒，知道我们工作的最终目标是什么。一旦偏离了最终目标，我们的一切努力都白费，都失去了意义。要实现最终工作目标，需要确定阶段性任务，设立相应若干个子目标。但是我们必须明白，所有这一切都为了最终目标的达成，其他的都是为实现最终目标所采取的必要手段。**绝对不应该把实现最终目标过程中的手段当作自己工作的目标**。比如：我们分析市场数据，分析每个月份、每个星期的产品销售成交情况，不是为分析数据而分析数据，目的是要通过了解成交产品的品种和数量变化，从中摸索出规律，洞悉市场客户需求的变化，为进一步扩大销售，继续采取有效措施而提供依据。再比如，我们的销售分析报告中，要详细描述成交客户的具体情况，当然这也不是要把每个客户讲得越细致越好，不能把成交客户的描述变成每个客户的故事集，否则就形不成任何有价值的结论性的东西了。每个成交客户的具体描述，是为了从中找到共同点或相似点，让下一步的产品销售，针对的客户能更为聚焦，营销策略能更有针对性，从而能更有效地扩大销售量，提升销售业绩。我们绝不应该把定期编制市场数据分析表和撰写分析报告，作为我们工作的目标，不能以定期汇报多么详细的市场数据和多么全面详实的长篇报告为目的。如果那样做，我们的努力方向就发生了严重偏离。

我们在具体工作中，必然会遇到各种问题。我们日常工作的过程，往往就是不断地解决各种问题的过程。需要说的是，我们必须清楚究竟什么是问题，哪些才算是我们必须要解决的问题。**实际在职场上，问题一词是与目标相关联的。一句话，问题是实现目标而遇到的障碍，不是任何不尽人意的某些现象**。有些人常常把许多不理想的现状，都当成眼前的问题，都想去加以解决。结果是，问题越解决越多，不但没有取得自己理想的结果，还对自己最终目标的实现没有带来任何帮助，反而将自己深深地陷入各种“问题”

的漩涡之中。

其实，影响我们工作目标实现的，才是问题，才需要我们必须加以解决。其他不尽人意的现状，只要不妨碍我们工作目标的实现，对目前来说，根本不算是问题，完全可以暂时搁置一边不予理睬。推进工作目标的进程，绝不能分心，不能见到什么都想去处理。当然，对目前不影响目标达成的、被暂时搁置的事情，也要适当保持关注，不能任其发展，从而影响到我们为实现最终目标而进行的努力。

假如，A君为某大公司一个研究部门的负责人，目前上级交办他的部门，要限期提交一份关于某种新产品未来推向市场后，销售情况的预测分析报告。任务艰巨，时间紧迫，A君目前面临诸多问题，极为不顺：（1）与该新产品可能形成竞争的相关产品当前的市场销售数据，目前掌握得还不充分。（2）部门内B、C两名骨干人员近来一直关系不和睦，都曾分别向A君投诉对方。B向A君反映，C在工作时间用公司的电脑、打印机处理自己的私人事情；C向A君反映，B入职时向公司申报的个人履历不实，内容有造假。（3）部门的电脑使用的软件版本太老旧，运行速度慢，员工抱怨。（4）行政后勤部门投诉，A君部门日常办公用品领用登记管理不严，近期耗费较大。

这些问题，A君应如何应对？首先要分清哪些才是真问题，哪些不是。所谓真问题就是目前能构成实现目标的障碍，需要马上全力去解决的问题。工作目标是什么？就是要按期提交上级要的预测分析报告。可能影响到报告按时提交的才是真正问题，其他的事情虽不尽人意，但只要不影响报告的完成，在目前不算是问题，完全可以暂时搁置一下。对A君面临的问题分别分析一下：

问题（1）：可能形成竞争的相关产品当前市场销售数据，会直接影响到对未来新产品推向市场后的销售预判，必须想尽一切办法把相关数据尽快充分弄到手。该问题必须立即着力去解决。

问题（3）：电脑软件版本老旧，拖累工作效率，可能会影响到报告的按期提交，要马上解决，应立即请IT部门帮助进行电脑软件版本升级。

问题（4）：不直接影响目前报告的完成，可不必去投入精力仔细检查处理，提醒大家一下就行。

问题（2）：这个问题，要看它对部门报告的完成会不会有影响。如果B、C这种不和睦的关系，影响到了工作上，就要立即着手处理。谁影响了工作就处理谁，两人都影响，就都处理，不能姑息。如果B、C二人虽彼此不和睦，但对完成部门当前报告的工作都很投入，各自都积极紧张地进行自己所分担的报告工作，那么这个问题完全可以暂时搁置先不理睬。至于他们各自反映的对方的问题，A君自己心中有数就行了，目前无须进行追查处理。

区分处理好重要和紧急的关系

作为职场中人，我们每天都要处理大量的事情，经常会感觉时间和精力不够用。我们常常整天忙得手忙脚乱，一直在处理一个又一个的事情，自己搞得身心疲惫，到头来最终工作成果并不理想，工作效率较低。究其原因，在于我们没有将我们的时间和精力集中用在重要的事情上，被诸多所谓紧急的事缠住了手脚。人的精力是有限的，如果你什么都做，往往什么都做不好。若是把精力分散到多个目标上去，每一个目标都只不过是浅尝辄止，这样是很难取得成效的。

职场日常工作会面对大量的事情，按其重要性分类，可分为重要的和不重要的；按其紧迫性分类，可分为紧急的和不紧急的。按以上两个坐标，需要做的事情就可分成四个象限：

1.重要并紧急的

这是指非常重要同时非常急需处理的事，它们直接严重影响工作目标的达成。

2.重要不紧急的

这种事对我们目标的达成和实现，有着长期重大的影响，但对当前来说不是非常紧迫。

3.紧急不重要的

这种事来了就急需要处理，虽然对工作目标没有太大的影响，但迫在眼前，需要马上处置。

4.不重要不紧急的

这种事日常工作中随处可见，它既不对工作目标有多大影响，也不特别急迫需要处理，但会不断随时出现，牵扯着我们的精力。

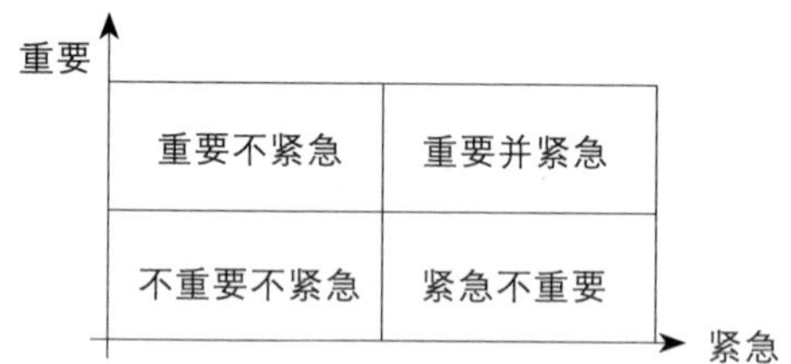

我们日常碰到的任何事情，都应该按这四个象限进行区分和鉴别。以我们个人健康为例，生病就医看病，就是重要并紧急的事。因为不及时救治，病情可能进一步恶化，严重威胁到健康。平日的运动锻炼，就是重要不紧急的事。因为平时长期坚持运动，能使自己有个强健的体魄，但它并不非常急迫，短期对人的健康影响效果不明显，容易被人忽视。假如我们自己手上不小心划了一个小口子，流出了血，这就是紧急不重要的事。因为一个小口子不会危及生命健康，但流血了，需要立即止血，覆上创可贴就可以了。再比如，我们此时非常想伸一伸懒腰，这对健康来说，就是既不重要也不紧急的事。因为伸懒腰只是能让我们暂时感到舒服一下，既无助于增进健康，也不是非伸不可，可伸可不伸。

这四个象限的分类，对指导我们将工作中时间和精力应投向哪里很有意义。清楚这四个象限的分类，我们就明白应将自己主要的时间和精力，聚焦于处理重要并紧急和重要不紧急的事情上。这样才能有助于推进工作目标的进程，提升我们的工作效能。许多人之所以工作效率不高，是因为把主要精力和时间都用于处理各种紧急的事情上了。自认为把紧急的事处理完，再转过身可以专心处理重要的事，结果是紧急的事越处理越多，永远处理不完。重要不紧急的事没有做，没有做长远的准备，结果任何事的到来都是紧急的，使自己深陷“紧急事务”之中不能自拔。

要聚焦工作目标，提升工作效能，正确的做法是对这四种类型的事情采取不同的应对策略：

1.重要并紧急的事，要立即迅速做，集中精力和资源全力以赴地做，要争取用最短时间达成最好的结果。

2.重要不紧急的事，要认真持续地做，要在长期持续的过程中，将事情不断向好的方向推进，不断产生成果，同时也不断提升自己处理这方面事情的能力。

3.紧急不重要的事，要快速处理，不必耗费太多精力；寻求迅速解决，但不必追求完美的结果，事情处理掉即可。

4.不重要不紧急的事，要尽可能地回避，能不做就不做，若有余力去做，也要在最短时间内应付了事，不要牵扯时间和精力。

形成结构性思维的习惯

所谓结构性思维，就是指在工作中思考分析解决问题时，以一定的范式和流程顺序进行。它是优秀的职业人所应具备的好的思维模式。

实际工作中我们思考问题需要有结构性思维。在许多情况下，我们对问题的思考都需要结构化，思考方式要有一套成型的模式。例如：当工作中有不利的突发事件产生，应如何应对？应对的方式要有成型的模式。**任何不利的突发事件出现，都是我们不希望的，但在实际工作中又难以完全避免**。事情一旦来了就要立即应对，我们此刻必须想：应该马上做什么？许多人都想应该马上扑上去解决问题，其实不然。因为此时情况你并不完全了解，不可能迅速出手就“药到病除”。正确的思维方式：**第一步，要迅速遏制事态的发展，不能让其蔓延，也就是要不使情况变得更糟**。然后再迅速找到事情发生的原因，寻求积极的解决办法。比如，身边发生火警，我们应做的第一步不是马上去灭火，而是应先迅速切断电源，报火警并疏散撤离人员。再比如，公司正常经营过程中，突然被通知公司的某个银行账户被冻结了。我们不能马上去找银行和有关方面进行交涉，要求解冻账户，而是应该立即通知相关的客户和单位，不要再往这个账户中转入款项，防止更多的钱被冻结在其中而不能使用，然后再去与相关方面交涉寻求解决。

我们在职场工作中，思考处理任何问题，思维方式都要结构化，要分层次。下面对几类问题的结构性思维模式，做一点分享。

1.工作中决定是否应该做某件事

要思考回答3个问题：

（1）为什么要做这件事，做的理由是什么，有必要吗？要思考它对实现最终工作目标有什么影响，有没有其他替代方案；

（2）如果做了这件事，会带来什么结果？要冷静客观地分析可能会出现的结果，而不能凭主观臆断一定会出现自己所希望的结果；

（3）做成这件事，有多少把握？要认真考虑一下，做这件事的主客观条件是否具备，做成的可能性有多大，也就是有多少成胜算。

这3个问题考虑清楚了，该不该做这件事，答案自然就有了。

2.工作中决定做某件事

要明确5个问题：

（1）要达到什么样的目标；

（2）做此事所需要的资源，目前掌握了哪些，还缺少哪些，需要再准备什么；

（3）应该怎样来做；

（4）要做到什么样的效果，这件事才算完成；

（5）什么时间内完成。

3.判断某件事情发展下去会面临的结果

要根据客观实际情况，从实际而不是从自己主观愿望出发来思考，形成如下的判断，即4种可能性：

（1）它最有可能会出现什么样的结果（a）；

（2）它也有可能会出现什么样的结果（b）；

（3）它不太可能会出现什么样的结果（c）；

（4）它绝对不会出现什么样的结果（d）。

4.分析手上现有资源的用途

要通过对自己手上掌握的资源的了解，对它们各自的功能有清楚的认识，明确知道每一种资源的可用之处，即4个方面：

（1）它最适合被用于哪一方面；

（2）它也可以被用在哪些方面；

（3）它不太适合被用在哪些方面；

（4）它绝不适合被用在哪些方面。

5.判断某个人擅长从事的工作

通过共同工作相处，全面了解身边的人的能力、特性和成长背景等，判断每个人胜任什么样的工作，要清楚如下4个方面：

（1）他（她）非常擅长从事某一类的事情；

（2）他（她）也可以胜任做某一类的事情；

（3）他（她）不太适合做某一类的事情；

（4）他（她）绝对无法胜任做某一类的事情。

6.我们经过精心努力，促使工作向我们所希望的目标推进，我们需要对工作未来的结果做出预判和筹划，做到心中有数。也是4种可能的结果：

（1）我们最希望实现什么样的结果（A）；

（2）如果A实现不了，达到什么样的结果也可以接受（B）；

（3）要尽量避免出现什么样的结果（C）；

（4）要绝对避免出现什么样结果（D）。

工作中做任何事都有不确定性。我们做的任何努力都不可能有100%的胜算。尽管不是每一次都能如愿，但我们都要想尽办法争取最好结果。**由于种种原因，在无法实现最好的结果的情况下，放弃选择次好的结果是不明智的。做事一定要有备选方案**。先要积极争取实现A，万一A实现不了，要确保能有B兜底。如果一心只想得到A，全力为实现A而努力，不做别的准备，在明知无法实现A的情况下，拒绝接受B，可能会有非常可悲的结局。到头来，往往A没实现，B也错过了，结果只能得到C，甚至可能落到D。

强化时间管理意识

在职场上我们需要面对大量的工作，因此，我们必须对工作进行梳理，做好合理的时间安排。优秀的职业人之所以优秀，是因为能很好地安排自己的时间，在有限的工作时间内做成更多有效的事情。一项工作，制定出明确的工作目标和具体实施方案，明确具体的落实人，实际上还是不够的，还必须明确提出完成这项工作的具体时间期限，要强化时间管理。**任何空间指标只有放在一定的时间范围内才有意义**。如果工作目标是诱人的，而没有实现这个目标的时间期限，没有具体实施的计划步骤，那么这个目标很难能保证实现。

我们要完成一项工作目标，必须制定具体的实施计划和明确时间期限。有时间期限才会有约束力，我们才能有完成目标的紧迫感和驱动力。人的心理是很微妙的，都有喜欢拖延的弱点。**一个人一旦感到没有紧迫的时间要求，觉得时间比较充裕，一般就不会马上行动，就会放松下来，投入度也会减少，按期完成的保证性也自然随之降低。**开始觉得时间宽裕而没马上做，临近最后又会因为匆忙赶工，无法保障工作质量。如果一开始就明确必须在某个时间之前完成工作，人就会自觉地督促自己立即行动，工作完成的保障程度就会提高。如果你做每项工作时，都严格地给自己限时，甚至有意地压缩完成的时间，那么你就会逼迫自己更努力，你的潜力就会被激发出来，投入度和专注度会增强，工作效率和工作质量都会大大提高。

著名数学家华罗庚曾经说过："成功的人无一不是利用时间的能手。"我们职场人必须有强烈的时间管理意识，做任何工作，都对自己主动设置时间要求。每一项任务，我们都要给自己设定高标准的目标要求和明确的时间期限，同时要制定详细的工作计划，确定具体的步骤，清晰每个阶段的时间节点和目标要求。时间期限一定要合理并有挑战性，一旦确定绝不动摇。这样才能迫使我们不拖延不懈怠，强化使命感和紧迫感，尽自己全部力量，按期保质保量地完成工作任务。

第五部分

职场上如何做人

职场中人在从事各项工作、完成各种任务的同时，也每时每刻地在同各种各样的人打交道。职场中人不但要会做事，而且要会做人。应该说，在职场上做人更具有挑战性。要在职场上保持不败，在某种程度上说，做人的能力比做事的能力更为重要。在职场上做人，如何才能做得比较好，我从几个方面，谈一点我的认识。

成功融入一个新的组织

人往高处走，水往低处流。当今社会，离开原有的单位，选择进入一个新单位，在现代职场上是常有的事情。应该说，离开原来单位去新的地方，新到的地方一定是能得到更高的职位、更好的待遇和更大的发展机会的地方，否则，**如果新去的地方还不如以前的单位，那就不能算是真正意义上的跳槽了，而是在原单位将自我淘汰，自己炒掉自己。**

这里需要强调的是，人进入一个新的组织，虽有了新的施展自己才干的机会，但也会面临许多新的困难和挑战。

一、进入一个新的组织会面对的问题

进入一个新的单位或组织，不管你是以精英骨干人员应聘坐上了自己满意的重要位置，还是被新单位通过猎头挖来，或者由上级空降到某个单位或部门，担任了重要的职务，心中充满兴奋、喜悦、自豪之感是自然的。这时，我们往往希望在新的岗位上马上大施拳脚，建功立业，迅速做出一番成绩，让上级满意，不负他的慧眼识才，同时也在同事和下属中建立起自己的威信和声望。可是，现实往往不随人所愿。工作开始以后，你会渐渐发现，现实情况远没有你想得那么简单。你会遇到一些未曾预料到的麻烦。你所推动的事情往往进展并不顺利，周围的人对于你的工作召唤，没有给予所期望的响应，对你提出的方案设想，常常会表示出不置可否的态度或提出一些质疑。当初你刚来时对你报以充分信任的领导，后来也会不知为什么，对你的态度越来越有所保留。你的工作没能马上有所建树，而是陷入了一种尴尬的局面。新单位中来自各方的对你的非议不断，使你倍受压力。在职场中，有许多这样刚刚升起的“新星”，在很短的时间内就黯然失色，有的刚升起就陨落了。经历这样遭遇的“新引进人才”，结果要么是元气大伤，从此一蹶不振，要么是默然退场，卷铺盖走人。

所有这些进入一个新组织经历过以上挫折的“人才”，都犯了一个非常致命的错误，忽视了新组织中人的因素。任何组织都是由人组成的。我们要在一个组织中站住脚，想有所作为，有所建树，离不开身边人的支持和配合。你若是作为管理者，周围同事的支持就更为重要。假若团队成员从心里不接受你，甚至排斥你，你的工作不但不会有建树，而且会举步维艰。

任何一个组织，只要新来了一位据说是“人才”的新同事，无论他是行业内公认的业务精英或专业资深的某方面的专家，还是组织空降的一位新任管理者，都无一例外地会影响到该组织现有成员中的相当一部分的人。该组织中，原本一般的人会认为来了一个不凡的人，会有所好奇，也会有压力；原有的骨干人员会感觉将面临新的竞争，本能地产生了警觉和提防；那些希望得到提升，但位置被你占据了的人，感到自己的发展空间被封杀，自然有所失落或心存不满。几乎所有人的心里都不会马上接纳你，会以不同心态和目光窥探你的一举一动，会想你是怎样一个人，接下来对我会带来什么。正常的人会想：听说他（她）很能干，不知道人怎么样。小心点，先看看吧。少数个别的人会想：别看他（她）来得这么风光，做起事来不一定行，看看他（她）究竟有什么料。

如果大家都有这样的心理，自然都会与你保持着距离，那么你就很难迅速了解和掌握新单位的实际情况，很难争取到他们的真诚配合。在这种情况下，你若自己信心满满、大施拳脚，处处想展示你的才能，极力想推动一些事情，效果就一定会打折扣。更何况你推进的工作，难免会触及某些人的利益，也难免会出现一些失误。由于有人的利益被触犯，必然会引起不满；你工作中出现的失误，必然会引发质疑。顿时，对你的否定的声音会从四面八方而来。会说你爱表现、瞎指挥，眼高手低、傲慢无礼。久而久之，原本欣赏你，把你引入的领导也会产生失望：看来他（她）的能力也不过如此。这样一来，你后面的结果就可想而知了。

之所以会犯这样的错误，是因为作为新进入组织的“人才”，对如何面对新的组织和新的同事，思想准备不足，对新组织的实际情况，特别是人的情况还不够了解。他只关注到了将会面临的事，没有关注到应如何面对新组织中的人；只想到自己应该如何干，迅速出成绩，没去想其他人可能不配合，会有所抵触。以至于有人可能恶意为他挖坑埋雷，他都全然不知。这样的“人才”是情况不明决心大，准备不足幻想多，当然会栽跟头了。

一个人进入一个新的组织，不管进入时的身份如何，无论是行业中的业务精英或某个专业领域的专家，还是新调入的带着什么头衔的领导，进入的时候，都要预想到自己可能面临的问题。首要的任务是，要使自己先快速融入这个新组织。首先要摸清组织的情况，特别是现有人员的情况。要有意识地接触了解每一个人，应该争取尽快地和大家打成一片，而不是先急于在工作上采取什么动作。其实，事都是人干的，把周围的人搞定了，眼前的事也就好办多了。要让大家通过接触，对你逐步接纳认可，直到欣赏。大家把你当作“自己人”了，你想有所作为的空间才会打开。

二、成功融入需经历的四个阶段

在职场上，优秀的外来者要想在一个新组织站住脚并有所建树，一定需要一个时间过程，需具备一定智慧和情商。从进入新组织到干出大的成绩，一般需要先后经历四种身份的转换过程，也就是四个阶段。

刚刚到任新的岗位，无论你以往资历多深、现在职位多高，一定要把自己定位于组织中的新人、大家的新同事，以普通一员的身份出现。到岗后的开始阶段，自己心里要预见到，大家都在注意你、观察你、审视你，对你有所戒备。一定不要急于表现出与众不同，不要急于有什么动作，要表现得很“普通”。为人要保持温和低调，行为举止和大家一样，没什么特别。如此一来，周围的同事会感觉你并不个别，也是普通人，更不是那种“危险人物”，对你的提防心、戒备心就会放下了，开始能接纳你。大家能够接纳你为他们当中的一员，你就顺利地完成了**融入组织的第一个阶段：表现为普通人**。

在一个组织中，仅仅做个普通人肯定是不够的。已被大家所接纳，接下来是否就可以施展拳脚了呢？非也，如果说你刚进入，大家对你还有所审视、提防和戒备，对你的认可度数值还为负值的话，那么经过第一个阶段，你已让大家觉得可以作为同事中的一员了。这时对你的认可度数值刚刚回归零，还没到正值。此时只是你在组织中发挥影响力的起点，一切刚刚开始。接下来的阶段，你要努力尽可能地接近大家，**有意识地接触每一个人，表现出亲切和随和**。如果还能够施展出你特有的热情和幽默就更好了。**要争取与同事多沟通交流，同事在工作中有困难，要主动伸出援手**。这时，同事们都已对你不再戒备和提防，自然会把各自真实的一面暴露给你。同他们的接触，你能获得各种非常有价值的信息。**在这个阶段，自己的工作一定要很努力，严格遵守组织的制度和纪律，个人行为要绝对自律，一些有难度的工作要积极承担，工作中做大家的行为表率**。这时候，身边的同事们就会感到，你的到来不但没有威胁到他们，而且你这个人挺不错，是个好同事，可以成为自己人。大家认为你人好，开始愿意主动接近你了，才真正开始认可你、喜欢你。当然，你并不能指望所有的人都认可你、喜欢你。至于有个别人对你始终“不感冒”，甚至比较排斥你，你完全可以不在意。因为他是极少数，你争取到了同事中大多数的认同，他自己实际上已经孤立了。这时，你就成功地完成了**融入组织的第二个阶段：做个好人**。

成功地走过前两个阶段是重要的，它对于你未来在这个组织中的发展有着巨大的好处。因为此时，你已在这个组织中站稳了脚，成了组织中受人喜欢的人，就是说打下了好的群众基础。**美国一位畅销书作者说：在工作中，个人的声誉和群众关系，是组织生活中的硬通货**。打下这个基础是非常重要的。

接下来进入了你融入组织的第三个阶段，该施展你的才能了。此时在新组织里施展拳脚的时机已经成熟。因为你已在组织中站稳了脚，已被大家所接受和喜欢；另外这段时间，组织中的一切都较全面真实地展现给你了，你对这个组织和其中的人有了比较深入的了解。你已看到了全面情况，也清楚地看到了目前存在着哪些问题。作为新加入者，你对组织的现状往往更能给出新的视角，特别是能看到一些原有的人已经习以为常、熟视无睹而又本应加以改进的地方。到此，你结合自己现有的条件和自身优势，就能知道自己该从哪里发力。这时你要开始有所动作，不再谦让。如果你是领导，就要果断地烧起你的“三把火”，抡出你的“几板斧”，让整个局面为之一振。

这时候**关键要找准发力点。发力点的选取，一定要结合自身的优势所在**。要选取那些需要某种专长，组织中现有人员这方面比较欠缺，而自身这方面又比较占有优势的，同时针对的问题又必须是那些组织目前应需解决而一直未得到解决的。找到这样的发力点，我们自己只要全心扑上去，全力推动，就完全可能在较短的时间内创造出显著的成果，使某些长期困扰组织的问题得到了解决或明显改善。能做到这样，你对这个组织才真正贡献了价值。解决了别人从没能解决的问题，组织中其他人从此会对你刮目相看，感觉到你不但人好，而且很有本事，能干许多别人干不了的事，是个真正的能人。到这时，你就成功地完成了**融入组织的第三个阶段：成为能人、组织中需要的人**。

经过了前面的三个阶段，应该就算是成功了。因为你已在新的组织中站稳了脚，得到了大家的认可，并且工作做出了成绩，体现了你的价值。你此时可以满足于此，但更应该给自己设定新的目标，向更高的方向努力，那就是进入融入组织的第四个阶段：争取做高人。**做能人，只是你发挥自己已有的优势，解决了组织面临的需要解决的而你又能够解决的问题；做高人，则是将自己现有的能力再提升，要去面对和解决不但别人解决不了，而且自己也从未解决过的难题。**做能人，你的贡献是要得到大家的称赞，你的能力得到大家的认可；做高人，则是要让大家普遍感觉到，你的能力高出别人一大截，让大家望尘莫及，你的作用和价值无人能够替代，使组织对你形成依赖。如果说做能人是挑战环境，那么做高人则是挑战自我。

要做高人，如果你是专业人士，就要在组织中把你的专业能力发挥到极致，形成你的壁垒，许多难题唯有你能解决，让周围的人对你产生崇拜；如果你是领导，就要将权力牢牢掌握在手，所有重大的事都由你决断，任何问题都难不倒你，敢拍板敢负责，任何事你都能一锤定音，任何时候都能给整个组织传递信心带来希望。

做高人，一定要注意两点。一是注意时时体现出你的与众不同：看问题的视角、表达意见的语境，特别是对关键问题、关键环节的把握程度，要体现出比别人更高的视野、更敏锐的思维判断力和更强有力的解决手段。要对自己有很严格的要求，平时谨言慎行，做事拿捏有度，处乱不惊。**二是对身边的人要注意影响引导，要时常地体现教诲行为：**要注重经常向周围的人分享自己成型的做事思路和有效的工作方法，帮助身边的同事（特别是那些非常敬佩和尊重你的同事）提升能力，要授之以渔。要让大家不断地有收获和提高，感觉到从你身上永远有学不完的东西，对你形成崇拜和依赖。你不但可信可亲，而且可敬可学。这样你在整个组织中就成了一个灵魂，组织从而离不开你了。至此，你就成功实现了**融入组织的第四个阶段：成为组织中的高人**。

做了高人，下一个目标应该是什么呢？有许多人到此都会极为自豪和骄傲，为自己设定的下一个目标就是做圣人。这样的人会认为，自己在组织中已取得了如此非凡的成就，形成了如此高的威望，自己的才智已充分得到了施展。现在自己完全可以放开手脚，不必有所顾忌了。凭自己的能力在这里已经得心应手、游刃有余，随意可以点石成金，化腐朽为神奇；对其他人完全可以毫不在意，任意处置评议。自己已经到了可以指点江山、目空一切的境地了。所有已成为组织中高人的人，无论是谁只要这么想，就开始危险了。道理很简单，亢龙有悔，成为高人已经高处不胜寒了。你非凡的才能和成就已成为你的光环，使你成为耀眼明星，这就遮住了别人的光彩。周围的人对你的欣赏和钦佩，逐渐转换为了羡慕和嫉妒，你的上司也会对你产生功高盖主的猜疑。时间久了，不断聚集的羡慕嫉妒和猜疑，统统都可能转化为恨。这时你的人际基础就丧失了，“硬通货”变成了“纸毛票”。大家都在偷偷地用冷峻的目光盯着你。你这时如果毫不察觉，自我感觉仍极为良好，言行愈为放纵，只要稍有不慎，出现一点小失误，各种非议嘲讽和指责就会随之而来，甚至可能愈演愈烈。这会让你毫无招架之力，搞得灰头土脸、元气大伤，甚至可能一败涂地。真可谓，起初露多大脸，最后现多大眼；飞得高，摔得惨。到头来，没成了圣人，却沦落成了可怜人。

那么，**成为高人后，如果要设立下一个目标的话，应该是什么呢？答案是：回过头来，重新做普通人**。

物极必反，过犹不及。成了高人，在一个组织中已经极为成功了，可以说是九五至尊。这时候，自己要清醒地意识到环境的变化，更应该预想到周围人心中的复杂情感，要懂得夹着尾巴做人。现在要重新做回普通人，当然也是在一个新高度上做普通人。做了高人要时刻提醒自己保持谨慎，行为举止让人感觉到还是非常贴近大家，对所有人保持谦逊亲和，对上表现着谦恭尊敬，对下表现出平易近人。让大家感觉你还是以前的你，渐渐打消掉或减少对你的妒忌和猜疑。恢复普通人心态后，在此新的高起点上，要再争取做好人。当然这样的好人已经升到了一个新的高度，是更高层次上的好人了。以此继续努力，争取在职场上这样不断地螺旋式上升。

处理好与上司的关系

一个人除非自己创业，否则只要进入职场，无论从事什么行业，无论坐到什么位置，都会有自己的上司，都要与上司打交道，都要面对如何与上司相处的问题。许多初入职场的人，开始面对上司时总有一种畏难情绪，总是缩手缩脚，生怕自己出错遭到责难。还有很多工作了多年的人，一直对自己长期未能处理好与上司的关系而苦恼。能够与自己的上司较好相处，良性互动，对一个人的职业发展是至关重要的。

一、与上司的良性互动

人在一个单位，能遇到一位欣赏你、信任你并精心培养你的上司，是非常幸运的。回顾我们每个人的职业生涯，在我们的职业成长过程中，曾经所遇到过的某位好领导，相信我们都能深深铭记。好领导在工作中给予了我们信任和指导，对我们进行栽培和提携。好领导对我们曾经的每一点进步和成绩，都给予了及时的肯定和鼓励；对我们工作中的失误和不足，在给予了严肃的批评的同时，还能认真帮助剖析问题所在，指出改正的路径；在我们工作遇到困难一筹莫展时，总能给出好的建议和思路，让我们有豁然开朗、茅塞顿开之感。我们每每回想起自己成长过程中遇到过的，给予我们巨大帮助，使我们终身受益的某位领导上司，内心顿时会暖暖的，崇敬感激之情油然而生。同样，如果一个人在单位遇到一位不好合作的上司，工作过程中一定会遭遇到诸多的不顺，不但自己的发展严重受阻，而且自己的心情也会十分郁闷。在企业中，许多人就是因为与上司长期关系不睦而选择离开的。根据调查显示，75%的员工离职，其原因是无法和自己的上司处好关系。选择进入，是因为公司；选择离开，是因为领导。

学会如何处理好与上司的关系，是职场中每个人的必修课。现代企业管理学中，提出了“向上管理”的概念。意思是你在职场中希望有更好的发展，在工作中想争取到更多的资源，就需要对你的上司进行管理，与他实现良性互动。因为上司掌握着更多的资源，而这些资源对你来说是非常需要的。在职场中，无论你做什么岗位，来自上司的支持是必不可少的。做一名基层员工，你的工作表现能否被认可，你的才干潜质能否被发现、被重视，几乎完全取决于你的上司。你若作为一个部门的管理者，你为实现工作目标而需要为本部门争取资源，能争取到多少，你个人未来能否得到进一步的提升，这些都与你的上司有重大的直接关系。即使你做到了一个企业的CEO，成为企业中的领军人物，你仍然需要与董事长和大股东保持着良好的互动，争取他们对你的全力支持。

处理与上司的关系的问题，需要我们在职场的每一个人重视。我们必须在这方面下功夫，要做足这方面的功课，要努力让你的上司重视你、认可你、欣赏你。怎样才能做到这一点？整天对上司溜须拍马，自然被人鄙视；一味地想尽办法和上司拉近个人关系也并不可取。取得上司的重视认可和欣赏，关键在于你要对他有价值。**实际上上司信任欣赏你，不是因为上司看你顺眼，符合他个人的喜好，而是因为你对他来说有用，能为他干事，能帮到他**。上司也是人，也有他的诉求和目标，也有困惑和压力。作为上司，他拥有很大的权力，拥有旁人羡慕仰视的位置，同时也承受着旁人无法想象的压力。上司也需要被人理解、被人关爱，更需要得到来自下属的鼎力支持和辅佐。如何能与上司良性互动是一门艺术。

二、做足你的四个“表现”

我们需要与上司建立非常良好的关系，支持到他的工作，更为自己的发展营造出有利的环境。这一点，其实怎么强调都不为过。你要想与上司良性互动，对上司产生积极的影响，就需要认真了解上司的想法和关注点，要随时能准确把握他的心理变化，设身处地地从他的角度看问题想问题，然后再从自己的角度去积极做事情。我们既要避免对上司阿谀奉承、溜须拍马的庸俗行为，更应摒弃那种对上司不屑、完全无视，甚至以经常“抗上”为荣的幼稚想法和做法。你要通过工作中的表现和日常的沟通交流，让上司真切感受到，你真正地理解他尊重他，并且你非常有能力辅佐他，能成就他的事业，同时又不会威胁到他的位置和利益。

如何做到以上的目标，需要我们平常付出许多努力，同时还需要掌握技巧。我个人认为，与上司互动，要注意做到以下四点。我把它总结为四个“表现”：

（一）要自始至终地表现出你的忠诚

对于上司来说，下属忠诚是最为重要的。任何单位或组织选用人才，都强调德才兼备。“德”，对单位或组织来说，主要体现在忠诚可靠。如果发现一个人对所在的组织一直怀有二心，思想游离，甚至私下另有小算盘，即使他有再高的才干，再大的本领，上级都不会对他委以重任。**从上司的角度看，下属对组织是否忠诚，首先体现为是否对他忠诚，是不是他信得过的人。**

你要让你的上司始终感觉到，你不仅胜任现有的工作岗位，而且为人非常可靠，更重要的是你对他十分尊重、十分忠诚。他交办的任何事，你都积极认真地去完成，从无怨言。工作中涉及小的个人利益，你也从不计较。要让上司感到，你工作中出现任何事情，得到任何信息，都会及时地、毫无保留地向他汇报；遇到任何情况时，你都坚决地站在他的一边；遇到什么不顺心的事或委屈，你都自己承担下来，从不去牵扯他。**你绝对不可以在私下评论非议上司。**要知道私下背着上司说的话，一定会传到他的耳朵里。相反，**要有意背着他，私下与别人“不经意地说”，你非常钦佩他的才能，非常感激他对你的关怀帮助，说你工作中能取得的那些成绩，实际上都是受到了他的指导和启发，你只是认真执行了他的**

决策。这样做往往效果会非常好。这些话一定能传到他的耳朵里。**人们往往普遍认为人背后讲的话肯定是发自内心的**。听到你背着他说他的好话，他心里会非常得意，对你的忠诚会坚信不疑。

（二）要不断地表现出你的勤奋

任何单位都需要勤奋努力的员工，所有的领导也都喜欢勤奋努力的下属。你在工作中一定要认真努力，要能吃苦肯付出，养成极好职业素养。只有这样，工作才能有成效。同时你要注意，**你的勤奋努力一定要让你的上司能够切实地感受到**。如果你只是默默地辛苦努力，闷着头干活，不注意与上司互动，你的勤奋付出很可能会让你的上司感受不到。因为上司不可能整天只关注你一个人，有太多的事在牵扯他的精力，分散他的视线。你的辛劳付出，没进入他的视线内，你努力的效果是大打折扣的。因此，你工作上勤奋努力的表现，一定要想尽办法让上司看得到、听得到、记得住。

你要在工作努力的同时，对他布置的任何事项，一定要第一时间落实响应，要开动脑筋，想办法提建议，做事情不断做出成效。无论任何有困难的事情，只要是他布置下来的，别人还没有反应，你要率先表达接受态度，并全力完成，并且过程中不断向他汇报进展情况和已取得的成果。接受交办的任何工作时，你都要在他面前表现出积极乐观的态度，让他感到你的勤奋是与生俱来的。仅这样还不够，你还要表现出你的积极好学。**你要关注你的上司平常在哪一方面自以为非常擅长、引以为傲。你平时要有意识地在这方面，经常向他提出一些“你所搞不懂的”问题，向他请教，要表示出在这方面你非常需要他的具体指导，诚心向他求助。**上司对你这样的请求是绝对不会拒绝的。他非常喜欢来自下属这方面的求助，因为这正是他在下属面前，展示自己才华，体现自己能力和价值的好时候。你经常对他有这方面的“需求”，他会认为你勤奋好学，有培养前途。

（三）要在关键时刻表现出你的才能

仅表现忠诚和勤奋是不够的，要得到上司真正的赏识还必须有真本事。每个在职场努力工作的人，都希望通过施展自己的才干取得非凡的工作绩效，自己被组织和上司所认可。如果你在团队和上司面前，一味地不断表现你的才干，处处显示你超群的能力和水平，不断展示你取得的业绩，效果往往适得其反。因为这样，不仅你自己干得极其辛苦，而且你在团队中抢尽了风头，相当于压低了别人。团队中的人会对你产生反感，你的上司会觉得你在遮挡他的光芒，对他形成压力。你的才能和成绩不必时时展现在众人眼前，平时工作取得的成绩要尽可能归功于团队集体，归功于上司的指导。什么时候该展示自己的才干和能力呢？要选择在关键的时刻。

关键时刻是指遇到重大问题需要解决，上司倍感压力，急需有人站出来，而团队其他人也都面面相觑比较犹豫的时候，同时解决此类问题，又正是你的优势能够得到发挥的时候。这时候，你要当仁不让，义无反顾地主动承担任务，将自己十二分的精力和一切可调动的资源全部投入进去，力争在最短时间内形成突破，使问题得到较好的解决，全力争取最理想的结果。所有成功的人，能得到上司的认可和器重，都是因为在关键时刻展现了自己非凡的才干，干出了成绩。战国时期的蔺相如，就是通过当初只身带着和氏璧赴秦国，又完璧归赵；后来在渑池的会上，凭借自己的智慧和胆量，迫使秦王击缶，为赵王挽回了脸面，才最终得到赵王的赏识和重用的。《闯关东》中的那文，也正是在婆家极为困难的节骨眼上，只身上"前线"，通过打麻将获胜，使朱家的情况峰回路转，从而赢得婆家全家人刮目相看的。

你在关键时刻，表现出非凡的才能，解决了工作中急需解决的关键问题，就是帮上司解决了他个人的一道难题，他会因此由衷地感谢你、欣赏你（虽然他可能不会在你面前直接表现太多）。需要注意的是，你此时不必过度表功，更不要将你为解决此问题，自己付出的艰辛程度和身心疲惫的身体状态展现给他看。此时在他面前，要表现得很平常轻松，要让他感觉解决这个问题，你好像没有耗费特别多的心血，完全在你能力范围之内。这样，上司就会认为，你没费太大力气就解决了这么大的难题，来日你若是投入更大的努力，成就一定不可估量。你是一个大才。

（四）要在某些时候偶尔表现出你的“愚蠢”

任何领导上司都是人，也都有人性的弱点。由于你以上的“表现”，上司感觉你是个不可多得的人才。这时候上司在感到满意你的能力和庆幸有你这样一名优秀下属辅佐的同时，内心也产生了一点微妙的变化。他已感知到了你的能力，潜意识中感受到了来自你的压力。**任何上司都希望在他所负责的领域，他的能力在所有人之上，所有一切都能在他的掌控之中。领导虽然都不断鼓励下属们要进步、提高，但内心里并不真的希望能够有人超过自己**。这时你的才能已得到了上司的充分认可，你如果还在不断地表现你的优秀，处处展示你超出旁人的才干和能力，一定程度上就盖过了上司的光芒，好像要显示你比所有人都强，也比他强。这样，不但不会获得上司的进一步好感和认可，相反，上司会心有不爽，产生不安全感。他会感到你的才能在他之上，长期下去，不仅对他的威望，而且对他现有的位置都会形成威胁。由此，上司内心必然产生了对你能力的嫉妒和对能力所带来的威胁的恐惧。如果这种负面心理存在于上司内心，你和他在以后的日子里就很难再良性互动，很难再得到他的鼎力支持，你的职业里程可能会出现不测和麻烦。

你要想与上司始终保持良好的关系，得到他长期的信任和支持，就必须想办法消除他的这种嫉妒和恐惧。那就不能只是在他面前表现你的才干和能力，还要有意识地在他面前表现出不足，经常要暴露出你的一些“弱点”。有些时候还要故意表现得“很萌”“很蠢”“不太灵光”。上司总是希望他的智商在其他人之上，任何时候他的领导才干和聪明睿智都能在下属面前得到体现，这是做领导的正常心理。**在日常工作中，你要有意识地在一些不太重要的小事上，故意在他面前“出”一些小错误，让他对你进行批评纠正，要让他有指出和纠正你“错误”的机会**。让他觉得，你工作也会出现些问题，在某些方面能力也有不足，需要他把关。你的上司可能在某些时候会出于某种原因，有一点小心思，做出一些诡异的事，说出一些令人不太好懂的话。这时，你绝对不要表示完全明了，主动说破。即使心中已经明了，也要故意装作不解，更不能说破。**可谓是能够看破那是智慧，非要说破则是迂腐。**

这方面，万万不可学习三国时期的杨修。杨修处处显示自己的才智，对上司曹操的所有心思都每每猜中，并当众说破，让曹操心中极为不悦。到头来，杨修因说破了暗语“鸡肋”，给自己带来了杀身之祸。面对上司有时说出的一些自以为高深的“妙语”，你即使心明，往往也需要故作诧异、有些懵懂，甚至可以因为对此的“不解”，向他提出一些“很弱智”的问题，请他来讲解点拨。这方面，电视剧《潜伏》中余则成在站长面前的表现，可为极佳的范例。

这样一来，上司会深深地感到，你虽然在许多方面有出色的才干，是一把好手，但也有些不足和欠缺，在某些方面，视野和智慧仍远不如他。他完全有能力掌控住你。加上你所表现出的忠诚和勤奋，他会认为你可以长久为他所用，是难得的可用之才，一定会对你充分信任并委以重用。

至此，你的4个“表现”全部做足，职场成长之路就拓开了广阔的空间。

在同事中广交朋友

在一个组织里工作，眼睛不能仅盯着上司，我们更要看到广大的其他同事们。任何一个组织都是由许多人组成的，我们在工作中需要得到别人的配合和帮助，首先最直接的是要得到身边同事的支持和配合。某种程度上，**一个人能在一个单位站住脚，与同事之间的关系最为重要**。在同事中树立自己好的印象，博得到大家的喜欢和认可，是很关键的。相比与上司的关系，与同事之间的关系，重要性高于前者，困难的程度也远远高于前者。在上司面前赢得好印象，讨得上司的喜欢，比起后者要相对容易得多了。

有些人在单位想尽办法靠近领导，着力拉近与自己上司的关系。他们认为只有上司，对自己的职业发展是有用的；对身边的同事却完全不在意，甚至表示出不屑，认为他们对自己来说都无足轻重，还经常在上司面前说身边同事的不是。

其实这种人很愚蠢，他们偏偏不懂得一个简单的道理：你看不上周围的同事，那么周围的同事也看不上你；你向上级说别人的坏话，很可能会传到被说人的耳朵里，人家也自然会去说你。

其实，我们在职场上做任何事、任何工作，都要有别人的配合才能完成。你想不断提升自己的能力，而同事们中蕴藏着许多值得你学习和借鉴的好方法、好经验。有许多人遇到棘手的问题和困难，只懂得向领导求助、向“高人大拿”们求助，却不懂得向自己身边的同事寻求解决的办法。常言道：高手在民间。**群众是最有智慧的，许多实际工作中遇到的难题，在一线从事具体工作的人员最有可能找到解决的办法**。再说，群众的眼睛始终是雪亮的。我们的一言一行，都暴露在身边同事的眼前，你的品行、能力究竟如何，一定时间内可能蒙得过你的上司，但绝对蒙不过你周围的同事们。所以管理学上说，对一个人判断评价，来自其下属的评价比来自其上司的评价往往会更客观、更准确。在一个组织中，你只有重视和尊重身边的同事，和同事们打成一片，大家才可能愿意把各自好的东西分享给你，同时在你遇到困难的时候，同事们才愿意主动伸出援手帮助你。所以在工作中，个人的声誉和群众关系，是组织生活中的硬通货。只有打下很好的群众基础，你在未来工作过程中才会得到大家众多的支持和配合，才会很少遇到阻力和刁难，遇到问题才可能得到别人真心的帮助。**建立起好的群众基础，长此下去会给你不断带来好运。不管你遇到什么情况、任何困难，工作中总会出现贵人相助。**即便你哪一天不走运，事业上、仕途上遭受到什么意想不到的挫折和不好的境遇，身边的同事也会主动送上关爱，给到你安慰和鼓励。让你在承受“高天滚滚寒流急”的重压的同时，还能真切地感受到“大地微微暖风吹”的暖意和慰藉，使你重新恢复信心。

反观，与上司的关系相比与同事的关系要简单一些。上司毕竟就那么一个（或几个），比较容易搞定，只要你做足那四个“表现”就可以了。另外，铁打的衙门流水的官。上司的位置不可能永远固定不变，即便某个上司极为赏识你，但只要他什么时候突然一走，来了新领导，你的一切努力又要重新开始。应该说，你越是被前任上司赏识认可，你越难能快速搞定后任的上司，因为在他眼里你是“前朝宠臣”，对你会有所顾忌，认为你不太容易成为他的人，心里不会马上接受你。

广大同事们却不一样，他们长期在你身边，你永远需要他们的支持和配合。所以在职场上要想有长久的好的发展，必须打造非常好的群众关系，在同事中广交朋友。任何单位和部门内部难免存在一些矛盾或纠纷，有的甚至在组织内部存在着相互有矛盾摩擦的小圈子、小派系，你自己任何时候都不应该卷进去。明智的人对此类情况，一定会选择中立。因为只有这样，才能既避免卷入那些无聊的是非之中，又能广泛地团结更多的人。

要和同事交朋友，你就必须关注身边每一个人。要了解他们每个人承担的工作内容、每个人的过往经历和成长背景，了解他们各自的爱好兴趣所在，各自与哪些人比较亲近，又与哪些人较为疏远。然后，要注意有针对性地与他们接触，拉近彼此的距离。如果有哪位同事工作遇到困难，你要在不影响自己工作的前提下主动去给予适当的帮助，让对方感到你很关心他（她），乐于帮助他（她）。组织中有任何集体活动，无论是单位组织的，还是民间私下组织的，我们都应该尽可能地参加，这绝对是交朋友的好机会。因为在工作以外的活动中，每个人会更多地暴露真实的自我，同时大家充分接触也能增进感情。

在与大家广泛接触的同时，还要重视与同事的单独交往。在自己所在的单位和部门，一定要发展几个知心朋友，要有铁哥们或好闺蜜，能够彼此鼎力帮助、分享秘密。我们要找一切机会，尽可能多地和不同的同事交流。吃饭的时间是很好的彼此交流的时候。午饭要经常约同事一起吃，通过共进午餐，交流信息增进了解。下班后请上几个同事一起吃饭，畅谈一番，小酌几杯，不但能增进情感，还能得到一些工作中得不到的信息。当你约别人坐在一起吃饭时，传达出的意思就很明显：我对你感兴趣，我想和你交朋友。你在单位，要有意识地经常找人沟通交流，要重点找那些在单位中有影响的、有工作成绩的人，不论是本部门的还是其他部门的，不论年龄是与自己相仿的还是相差较大的，都要想办法去交朋友。与他们的交往，不但能增进彼此的情感，还能从其身上学到东西，更能及时得到一些有价值的信息。**在与单位中有所成就的同事交往的同时，还应该注意交往那些虽目前还未做出大的成绩，没被很多人重视，但潜质很好又非常努力的年轻同事。我们要能慧眼识人，要能不断地发现优质的“潜力股”**。在同事中多结交这样的朋友，不但是为组织发现和培养人才，更是为自己的未来铺了更宽的路。

需要特别注意的是，我们在单位与人交往过程中，还需要特别关注那些在特殊部门做普通基础岗位工作的同事。他们很辛苦但不引人注意，我们应对他们投以特别关注和友好表示。在单位别的人对他们不太在意的情况下，我们需要特别关爱他们、亲近他们，成为他们在单位里的知心朋友。他们是组织中容易被人忽视的一族，因为一是级别很低，一直做的是事务性基础工作，二是几乎不会创造出什么惊人的工作成绩，很难被人重视。可是他们所处的特殊工作岗位决定，他们的工作对整个组织和一些重要活动能产生一定的影响，能及时得到一些我们组织中一般人非常需要而又得不到的重要信息。因此，你若对这些同事给予关爱，与他们交朋友，不仅能让他们感受到来自你的温暖，长期下去，你也一定能实实在在地感受到，这种友谊给你带来的特有的重要价值。

第六部分

职场上与人沟通的技巧

本部分要谈一下职场工作中与人沟通的问题。关于沟通的重要性在第三部分已经谈过，下面就职场沟通中可能经常会遇到的几种情况，我简单介绍这方面的一些技巧。

如何与人谈判

现代社会中，谈判可能是每个人都要经历的，我们一生中可能经常会面临各种谈判场面。职场上会经历的各种谈判更多，既有与外部客户的谈判，也有在组织内部与不同部门不同人员之间的谈判。提到谈判，我们脑海里容易呈现的，往往是双方唇枪舌剑、针锋相对的场景。许多人非常不善于且也不愿意与人谈判。他们对与他人谈判，本能地感到畏难和紧张，甚至是恐惧。因此，他们在与人谈判时，常常很容易地答应对方提出的条件，在谈判桌前屡吃败仗，有时甚至会主动放弃自己的要求，半途缴械投降。

其实，**谈判是谈判双方就某项问题，进行充分磋商，寻求达成协议的过程**。它是我们生活和工作中不可缺少的组成部分，是必须经历的事情。谈判不仅限于政治谈判、商务谈判，我们日常生活中，求职择业、商品买卖、寻求帮助等，也都少不了说服别人和讨价还价的过程，这些都是谈判。**谈判的目的是彼此取得共识，达成某种协议，从而获得双方所希望的结果和利益，也就是我们所说的“双赢”。这是谈判与辩论的本质区别。辩论则是为了争论是非，要通过你来我往的舌战，想办法驳倒对方，获得胜利，还落个嘴皮子痛快。**

谈判不是为了“战胜”对手，而是要与对方达成协议，得到我们想要得到的利益。如何才能做到这一点呢？重要的是我们在谈判中要密切关注对方的利益和诉求。一般以为，谈判过程双方是零和博弈，你得到了，对方就失去了，反之也是如此。其实不然，谈判双方各自都有多种“需要”，有些“需要”双方都有，这就是谈判中都在争夺的。但是，如果将各自的“需要”自高到低进行一下排序，就会发现双方各自的“最需要”是不同的；相同的一项“需要”，在各自排序中的位置也是不同的。同一种“需要”，在有些人的排序中明显靠前，而对另一些人来说，这种“需要”的排序则相对靠后。这样，就有了一种可能，**对我们自己来说毫无价值的东西，可能正是有些人千方百计想要得到的；反之，也是如此，对某些人来说不太重要的东西，而我们正是极为需要的。**于是通过谈判达成双赢的可能性就产生了。**我们可以通过与对方谈判协商，将我们不特别在意而同时又是对方最想得到的东

西，提供给对方，以换取对方愿意把那些他们不太看重而我们非常需要的东西提供给我们。这样达成协议就是双赢，我们的谈判就成功了。因为谈判双方彼此得到的东西比起付出的东西，在彼此各自心里"需要"的排序中都更靠前，双方都觉得很值。

一、目标和底线的设定

如何才能取得谈判成功，获得相应的利益呢？首先，我们在谈判前要做好充分的准备，设定好自己谈判的目标和谈判的底线，评估自己的替代方案。**谈判的目标是指我们通过谈判，希望达到的最理想结果。谈判的底线是我们在谈判中所能接受的最低标准的谈判结果。**谈判的目标是我们最希望能够实现的，谈判的底线是我们最起码应该保证得到的。谈判的底线自然要比谈判的目标低一些，低多少要根据具体的情况来定。我们在任何情况下谈判达成的协议，结果都必须不低于我们设定的谈判底线。如果低于底线，我们绝不应该接受，应拒绝达成协议并终止谈判。任何谈判前，我们必须预先设定好自己谈判的目标和底线。

我们之所以达不到设定的底线就应终止谈判，是因为我评估过我们的替代方案。我们要设定谈判底线，就需要评估本次谈判的替代方案。**替代方案就是说如果谈判无果，达不成协议，我们会面对的结果，即谈不成接下来会怎么样**。替代方案对谈判成功与否有重要意义，因为它是谈判破裂后，我们将面对的局面，也就是我们可能面临的最差的结果，它是我们设定谈判底线的重要依据。我们设定的谈判底线，必须高于本次谈判的替代方案，因为替代方案对应的是谈判不成的现实结果。我们要通过谈判争取利益，如果底线的设定比替代方案还低，等于谈判如果按底线达成协议，其结果会比谈判达不成协议的结果还差，得不偿失，谈判本身失去了意义。

一般说来，谈判的底线应设定在谈判的目标与替代方案之间的某个位置，具体设定需根据具体谈判情况斟酌，不宜过高，也不能太低。谈判设定的目标是我们在谈判中全力要争取的，谈判设定的底线是我们在谈判中坚决要守住的。应该说，**只要达成的协议结果在我们设定的底线之上，谈判就算成功了**。一般情况下，成功的谈判达成的结果大多在设定的目标与设定的底线之间。因为能按设定的目标达到协议的结果当然最好，但往往很不容易做到，高于我们设定的底线，就意味着达成的协议结果比没达成要好（对比我们的替代方案），我们得到了相应的利益，是划算的，我们自己就应该满意了。假设：M君想从现有的工作单位跳槽到另一个单位，新的单位也有意向录用他，如果彼此双方其他方面均已谈妥，现就薪酬问题进行磋商谈判。M君谈判磋商前，应为自己设定薪酬的谈判目标和谈判底线。假如，在现有单位M君月薪10000元，他可以把与新单位薪酬谈判目标设在月薪15000元以上，谈判的底线可设在月薪12000元。因为替代方案是还继续在原单位干下去。现在月薪10000元，如果新单位月薪低于12000元，即使高于现在自己的月薪，为了仅增加那么一点薪水而换一次工作，要重新去融入一个新组织、适应一个新环境，不算值得。

我们在谈判过程中，要始终盯住谈判设定的目标，想尽一切办法让达成的结果尽可能地达到或接近设定的目标。因为设定的目标是我们要通过谈判获取的最大利益所在，必须全力争取实现。**协议一旦达成，我们就要“忘掉”设定的目标，用谈判设定的底线衡量这次谈判的得失。**因为谈判最终结果只要在我们设定的底线之上，这次谈判就算成功了。谈判取得协议后，评估谈判成果，就看协议结果比设定的底线高出多少，高出底线越多，说明这次谈判的成果越大。如前例：M君在与新单位的薪酬谈判中，要想尽办法说服对方能给到月薪15000元以上的薪酬。如果经过双方反复讨价还价，对方最终同意给出月薪13000元。M君这时应该满意了，因为谈判的结果已高于自己设定的底线（12000元），可以欣然接受这份工作。

二、具体谈判的技巧

谈判前须设定好谈判的目标、底线，评估好替代方案。在进入谈判阶段，要想取得好的谈判结果，在具体谈判中还需要掌握必要的谈判技巧。

1.谈判中如何开价和还价

谈判中双方彼此不断地讨价还价是正常的。我方在谈判中要尽量争取先开价。怎样开价、开多少，影响着最终的结果。开价过高，可能把对方吓跑，使其退出谈判，不欢而散；开价过低，则无法在谈判中争取到希望得到的利益。**我方谈判中的开价一定要高于自己设定的目标**。因为如果低于目标，等于一上场自己就放弃了原来设定的目标；以目标开价，将意味着基本达不到目标，因为对方总要讨价还价的。我方在谈判时，只有开价高于自己设定的谈判目标，才有可能在讨价还价的过程中，在开价基础上做出适当的让步后，争取达到目标结果。如前例：M君最初的薪酬开价一定要明显高于15000元，可以向对方说："月薪在16000—18000元之间可以考虑。"

如果对方先开价，对于对方谈判中的开价，我方第一轮要坚决拒绝，同时再提出我方的还价。我方在还价时，不要受对方开价的影响，还价必须根据自己的预先的准备做出，绝不能被对方的开价所框住，要大胆还价。**首轮还价要高于自己设定的目标**，道理与开价高于自己设定的目标是一样的。如前例：如果对方单位先开价，月薪12500元。千万不要因为已经高于自己的底线了，就马上接受，而应该先给予回绝，可以向对方说："月薪最低不能低于16000元。"

2.谈判过程中，不说"NO"，要说"YES,IF……"

谈判高手在谈判中从不说"NO"（不）。在谈判过程中，**无论对方提出什么要求，谈判高手都从不说"NO"，而说"YES,IF……"（可以，如果……）**。这也就是说可以答应对方的要求，但要提出一个前提条件，即在什么样的条件下才可以接受。即使对方提出的要求极不合理，绝对应拒绝，也不说"NO"，还是说"YES,IF……"，**只是"IF"设定的前提条件是对方绝对无法接受的，这就等于拒绝了对方的提议**。如前例：如果对方单位提出，头半年月薪只能8000元，半年后可根据表现调整增加，M君也不应马上拒绝，而可以这样说：“可以，只要单位能够提供一套公寓免费住宿，同时免费提供每日三餐的伙食保障。”

3.谈判过程中的让步

谈判是彼此讨价还价的过程。我方要通过谈判获得一定的利益，过程中做出适当的让步是必要的。实际过程中，**让步的时机，即什么时候做出让步比让步的多少更重要**。让步不是因为对方的强势而屈从迎合对方，而是为了能够达成协议，得到我方希望得到的东西。让步不能过早，要在感觉到对方有想和我方达成协议的愿望的时候。在谈判开始时，我方要尽可能多地提出诉求，把设定的谈判目标包含在诸多诉求之中，这也就是开价高于目标的做法。这就便于在后续的谈判过程中有让步的余地和空间。如前例：M君在最开始谈判时，提出月薪不低于16000元的同时，还可要求单位每月给出额外的交通、通信补贴和提供工作日的免费午餐。这些额外的条件，在与对方反复磋商过程中可以作为自己让步的内容。

需要注意的是，**我方在做出让步的时候，第一次让步的幅度要让得最大，之后逐步缩小让步的幅度，要让对方感觉到我方的让步已经接近了我方的底线，我方已没多少再让步**

的空间了，这样能更容易得到对我方比较有利的谈判结果。绝不可以开始让步幅度比较小，随后让步幅度越来越大，让对方感觉我方还有更大的让步空间，而继续向我方施压。那样，我方设定的底线就很难守住了。如前例：如果对方单位坚持月薪12500元不变，M君第一次让步要让得最大，可以从16000元，直接降到14500元，接着第二次让步降到14000元，第三次再降到13800元。让对方感到他已经不太可能再有多少让步的余地了，这样，最终对方答应的月薪很可能在13500元以上。

需要说的是，第一次让步幅度让得最大，后面让步的幅度要逐渐缩小，也不是说每一次让步都必须越来越小。最后一次让步的幅度，我方视情况可以适当地再放大（当然要仍在设定的底线之上），但这一次让步后对方必须同意达成协议，不能再要价，否则这一步绝对不能让。

4.谈判达成协议后，一定要称赞对方

谈判如果成功，**我方得到了自己较满意的协议（谈判结果高于设定的底线），一定要向对方表示感谢，并称赞对方的谈判能力和给予我们的帮助，表示我们很佩服和欣赏他，要让对方感到他赢得了这次谈判。**这样，下次再与他谈判，就可能不那么艰难了，会容易许多。

如果谈判不成功，没取得所希望结果，也无所谓，马上忘掉这次谈判，立即转身去忙别的事情。我们不必为谈判不成有什么失落，因为我方对这次谈判的替代方案早已有了评估和准备。谈判成与不成，我们都不应该受到影响。如前例：假如对方单位直到最终给到的月薪也没有达到M君设定的底线12000元，M君决定放弃这次录用机会，M君不需要为此沮丧，因为他现有的月薪10000元的工作可以继续做下去。如果他还想跳槽，再找别的机会就是了。

如何劝说别人

劝说别人的经历，每个人都有过。一般劝说无非两类：劝说别人做某种什么事情，或者是劝说别人放弃某种想法，不去做某种什么事情。应该说，劝说别人不是一件容易的事。无论哪一类劝说，要达到劝说的目的，都需要运用较高的沟通技巧。

劝说前，我们要对被劝说者有比较清楚的了解。我们需要知道对方没做、不愿做某件事，或者坚持想要做某一件事，其原因是什么，他内心的真实想法是怎么样的。知道了这些，我们才能有的放矢，有针对性地说服对方接受我们的建议，引导他改变原有的想法。下面就这两类劝说，分别进行分析。

一、劝说别人做某件事情

首先要讲清楚做这件事情的意义。要认真具体地说清做这件事情，会给组织、给大家能够带来什么好处，对哪些人能带来哪些益处。要让对方感觉到做这件事很有价值，是件很有意义的事情。**其次，要向对方讲清楚，做这件事对他个人有什么价值。许多人之所以一直礼貌地回绝你的要求，其中一个非常重要而又从不会说出口的原因就是，不知道做了此事，对他自己能有什么好处。**因此，做这件事对他个人会带来的好处和可能有的好处一定要特意强调一下，要讲得特别清楚，要让他感到这件事值得去做。接下来，要详细且清晰明了地介绍做这件事情，所需要采取的方法和步骤，让他感觉，在如何做这种事方面你非常在行，并告诉他在做这件事的过程中，你能够给到他具体的帮助，打消他的顾虑。

针对不同的劝说对象，需采用不同的方法。如果对方比较激进、很自信，要在劝说过程中，不断称赞他的能力，并说做这件事对一般人来说有难度，但由他来做的效果一定能比其他人好；做好这件事，他能得到更多人的认可。如果对方偏保守稳健，就要对他说，这种类似的事，许多人都做过了或正在做；做这件事没有想象的那么困难，并提示他如果不做这件事，将来可能会面临什么样的风险。

二、劝说别人不做某件事情

首先，要说出对方想做此事的初衷是合理的，说你对他这种合理的愿望非常理解。之后，讲出你不赞成他做这件事的理由，要阐述清楚做这件事可能带来的不利情况。接下来，你要说你知道他为什么想做这件事，他内心真正想得到的是什么；他内心的这种诉求完全可以通过别的其他途径来实现，做这件事不是最好的选择。

无论以上哪类劝说，想取得较好的劝说效果，在劝说过程中，有两点需要特别注意：

第一，劝说要晓之以理，更要动之以情。劝说对方做某件事，一定要把做这件事的过程说得很清晰简单，要说做这件事对他来说不是特有难度，而且过程非常有趣。劝说对方不做某件事，一定要把做这件事的过程，说得冗长、复杂、枯燥，要说不确定因素很多，不好控制，并且还有些风险。

第二，在感觉到对方已被你的劝说所打动，思想已经动摇，开始认真考虑你的建议时，不要急迫地催他马上表态，而是应该说："你觉得我的话有道理吗？我相信你一定能做出正确的决定。"这时，还要再向他提供一些与此相关并能支持你建议的新信息，这对促使他下决心采纳你的建议很有帮助。只有这样，他采纳了你的建议后，决定去做某件事情，或者放弃以前的想法，不再做某件事情，他自己内心才会好受一些。他内心会觉得，不是你的规劝游说使他改变了原来的想法，顺从你的意见，而是因为从你这里又得到了一些新的重要信息。他是根据这些新的信息，自己重新做出了新的正确的决定。

如何拒绝别人

我们在与各方面打交道的过程中，难免会不时地面对别人向你提出各种请求，请你帮忙或让你做什么事情。你若是身居某些重要位置，也会经常有人向你提出各种建议，有些建议是可取的，也有一些建议明显存在问题，未必可取。在职场上，我们对各种请求或建议，当然不能一味地全部接受，对一些明显不合理不合适的请求和建议，必须学会拒绝。

有许多人不懂得如何拒绝别人，对一些明显不合理的请求，心里不想接受，也碍于面子违心地接受，或者采用拖延战术，用“要考虑考虑”的托词进行躲闪回避。其实，这样做都不合适。违心接受别人不合理的要求，不仅丧失了原则，可能给自己带来伤害，同时也助长了对方不合理的心理欲望。回避躲闪，容易让对方产生误解，以为你有答应的可能，长时间你不答应他，他会认为你耍心眼，你在骗他，反倒对你产生不满。你若身为领导，下属向你提出各种建议，如果不加甄别地全盘接受，不但会因为采纳了不正确的建议而造成失误，还会显得你很没主见。我们身在职场，对任何不合理的请求或建议，无论来自谁，都必须懂得说“不”。

怎样拒绝别人是有学问的。直接生硬地拒绝别人对你的请求，难免有些让人尴尬；一口回绝下属或同事的建议，可能会打击对方的工作积极性。怎样拒绝别人，才能既明确表明态度，又体现得比较温和委婉，让对方比较容易接受呢？下面介绍一点比较有效的作法。

一、怎样拒绝别人的请求

首先，对他提出的请求的合理性给予肯定，并对他提出这种请求的心情表示理解。然后，讲出你拒绝他请求的理由：如自己现有能力无法做到，或者自己出于某种原因，不能这样做，请他理解。接下来，对他诚恳地说，如果他在别的其他方面有需要你的帮助的话，只要自己力所能及，你都会愿意提供帮助。这样，既坚持了原则，回绝了应该回绝的要求，又在情面上没有伤到对方。

二、怎样拒绝别人的建议

首先，要对他提出建议表示感谢，对他主动思考的积极态度给予肯定。接下来，要对他所提出的建议中有价值的部分表示称赞。紧接着，说出建议中存在的问题和不足，讲清楚自己不赞同这个建议的理由，明确表示目前不能采纳这个建议。再接下来，你可以说你现在已经有了新的想法，并对此很有信心，而且说是因为对方刚才的建议，让你产生了这种灵感。最后，以非常诚恳认真的态度，问他还有没有什么其他别的方面的建议。如此一来，提出建议的人，虽建议未被采纳，但感到了被尊重和重视，心里较容易接受。

如何认错道歉求得原谅

在职场工作中，我们都难免会做错事，难免会伤害到什么人。我们做错事会惹祸，可能会给组织造成了一些损失，会给上司或他人带来麻烦。这是我们自己犯下的错误所造成的后果，我们自己必须承担，并要着力补救挽回。

许多人犯了类似的错误、做了蠢事之后，自己非常难受。特别是由此伤害了对自己重要的人，引发对方的恼怒，会很害怕，不敢面对对方，怕招致对方的斥责和惩罚。其实如果要想挽回局面，此时你必须大胆面对，不能胆怯得不作声，也不要回避拖延，要平稳自己的心态，诚恳地向对方道歉以寻求原谅。要真诚地说自己已认识到了错误所在和由此造成的严重后果。同时，还要说非常理解对方此时的恼火和不满，自己现在十分内疚和不安。及时诚恳地认错道歉非常重要。

在向人诚恳道歉时，一定要注意用情感打动对方，要在真诚说出“实在对不起，我错了”的同时，紧接着要特意表达出以下几点：

首先，要说出你当初会做这种蠢事的“原因”。要这样说：“当时我这么做，是因为我当时很害怕……以为通过这么做，就可以……当时根本没想到会造成这样的局面，当初如果知道，我肯定不会这么做的。”

其次，要说你这么做了，没得到当初所期望的结果。要向对方说：“当初我以为只要这样，就可以……完全没想到，结果竟然……不但没能……反而变得更糟了，给您造成……现在我自己非常后悔。”要强调这件事造成了如此结果，给对方造成了伤害，自己现在非常内疚和痛苦。如果能说出事情发生后，你还做了哪些补救的措施，那就更好了。

对方如果听到你当初的行为是“事出有因”，你当时是精神紧张，抱侥幸心理办了蠢事，结果弄巧成拙，并非有意地伤害他，现在非常后悔，对方原本很恼怒的心情就能平静一些，对你的怨气会消减。

接下来，要承诺今后自己绝不会再犯这种错误，承诺自己一定会认真吸取这次教训。

最后，诚挚道歉之后要把决定权交给对方。要表示错误已经产生，造成的结果已无法挽回，自己现在极为懊悔，愿意承担责任。对方对自己如何处置都全然接受，绝无怨言。

这样的认错道歉，既诚恳又合情理，定能打动对方，能够得到比较好的效果。

第七部分

职场人的自我修炼

职场中人要寻求长期发展走向成功，在工作岗位上不断努力的同时，还需要不断地加强自我修炼，提升自己各方面的综合素质，注重个人的全面发展。下面简单谈一点我个人在这方面的体会。

保持持续的学习力

人的一生，保持持续的学习力是非常重要的。我们个人的成长，需要通过不断学习新东西来提升自己。也就是常说的要活到老、学到老。任何一个人无论是谁，只要他认为自己已足够优秀了，不需要再学习什么了，那么他就开始退步，开始滑向平庸和颓废了。**所有有梦想追求的人、所有成功的人都是善于学习的人。学习力永远是一个人不断进步不断走向成功的重要能力**。学习力是指学习动力、学习毅力和学习能力的综合体现，是一种把外部知识资源转化为自己的知识资本的能力。

要想适应职场工作，让自己在通往梦想和人生目标的道路上不断向前迈进，需要我们不断地学习。要胜任职业岗位工作，现在需要学习的东西太多了，这既包括岗位所需的专业知识，还包括以往别人在这项工作中所沉淀的各种好经验、好做法。随着现代科技发展的日新月异，新科技在各个领域得到普遍运用，新的东西层出不穷，移动互联、大数据、云计算、区块链、人工智能等。我们需要通过不断学习，来吸收新的知识，掌握新的技能，开拓新的视野，以适应时代不断发展的要求。同时，现代社会最新的知识成果，可以很方便地通过学习来获得，无论是读书还是听课，无论是线上还是线下，学习越来越方便，学习的方式越来越多样。要让自己永远跟上时代的步伐，就必须不断地、主动地去学习新的东西。

在学习理论知识的同时，我们还需要注意向身边的人学习。古人云："三人行必有我师焉。"身边值得我们学习的人很多，应该说不同的人有不同的值得我们学习的地方，因为每个人都有自己的长处和优点。凡是他人身上有的，但我们自己所欠缺的优点和长处，都值得我们虚心去学习。

我们只要能学习身边人的某一部分长处就够了。如果我们能用心地学，真正学到手，哪怕只学到一点点，我们自己的能力都会有所长进。这样坚持长期学下去，久而久之我们自己的能力水平必当产生大的飞跃。在职场上，我们必须注意向本单位相同岗位中的优秀的人学习。要随时关注职场中同事们的进步情况，特别要关注那些与自己的成长背景情况比较相似，而成长进步又比较快的人。对身边人任何好的做法和好的思路，我们都应认真吸收借鉴。我们要放低自己身段，虚心向周围的人请教。虚心是优秀且受人欢迎的品质。在这个世界上，几乎没有人会拒绝一个非常虚心地向自己求教的人。对你身边的那些有一点小成绩、内心又有点小骄傲的同事，你若虚心向他们求教，既能学到你想学的东西，又可以很好地满足一下他们自己的虚荣心，会赢得他们的好感，何乐而不为呢？

要想将学到的东西真正变成自己的，仅仅学是不行的，还必须要照着做。学到的任何知识技能或做人做事的方法，无论是来自书本课堂，还是身边人的传授，我们学了之后，都要在自己工作实践中试着去做，认真尝试、反复摸索，坚持下去，直到自己能够熟练掌握为止。只有这样，学到的东西才能真正成为自己的知识和技能，最终成为自己的本事。如果只是学，而自己不去做，就变成了学而不用，只是懂得而不会运用，这样自己永远不能真正掌握，最终也无法变成自己的东西。孔子讲："学而时习之，不亦说（yuè，同悦）乎？"其中的"习"讲的意思就是练习，含有实践的意思。"时习之"就是要不断地去实践，学到的东西，自己通过用的过程真正掌握了，所以才"不亦说（yuè，同悦）乎"。

在学习实践的同时，我们还需要对自己的过往经历总结回顾。每过一阶段，就要让自己停下来想一想，回顾一下自己这段时间的工作情况，评价一下成效。对已取得的成绩，在内心欣喜之余，要认真总结一下主要成功的地方在哪里，可以总结出一些有效的方法，以便在今后坚持下去；对成效不理想的情况，也要静下心来，细致复盘反思一下主要问题出在什么地方，下次如何避免此类情况再发生。要做到吃一堑，长数智，举一反三。沉淀总结的过程，也是自我学习的过程。学习，可以让我们的思维保持活力和创造性，可以让我们一直保持年轻的心态，任何时候都能跟上时代的步伐。

养成读书的好习惯

我们平时要注意养成读书的习惯，无论是线下阅读还是网上阅读，无论是纸质书籍还是电子书籍。人所获得的知识，绝大多数还是通过书本得到的。高尔基说："爱书吧，它是你知识的源泉。"**读书，其实就是我们跨越时空来与作者进行思想交流，向作者求教**。通过读书，我们能获取知识开阔眼界。书能引发我们更多的思考，让我们更明悟更智慧，同时我们自己也能在读书的过程中，充分享受到那种唯有读书才有的、无法通过其它方式得到的无穷乐趣。读书可以增加我们的知识，帮助我们增强处理事情的能力，还能充实我们的精神世界。

我们要想寻求在职场上的长期发展，必须要学会与书为友，喜欢阅读、坚持阅读、长期阅读，在读书中体验到宁静和精神的愉悦，体验到生命的美好，让读书成为我们的习惯。

在读书学习上，要做到学而思、学而用、学而传、学而乐。

学而思，就是书本学到的东西不能一看而过，也不能死记硬背，要有思考有分析。孔子讲："学而不思则罔"，只读书不引发思考等于白读。读书思考，是要分析书中知识的前后联系，理解它们之间的逻辑关系，认真地体会作者想以此表达的观点和撰写过程中的思维脉络，慢慢地品味作者所传递的思想情感。所以说，读书既不是无聊的消遣，也不是为了处理眼前某种事情而进行的"临阵磨枪""临时抱佛脚"，而是我们与作者进行跨越时空的深度思想交流，是向作者求教，和作者探讨。读书思考，还要不断联系工作实际，把它引入我们的实际工作情景中，反复去体会去思量，要领悟其中之道，做到融会贯通，举一反三。这样书本上的知识才能成为我们解决问题时可借鉴的工具和方法，才能成为我们自己的知识和本领，才能启迪我们的智慧。

学而用，就是要把读书得到的知识用到实践上，也就是前面提到的"学而时习之"，这是学习的根本。把学到的知识用到工作实践中，知识才能变得有用。如果读书的成果只是存在于我们的脑海中，或只是成为我们日常生活和交往中的谈资，而不去用它来解决问题，它就没有实际意义。书本知识通过实践被我们所掌握，才能真正变成我们的能力，并在实践中不断丰富发展。

学而传，就是读书成果不仅只是自己受益，还要不断地向更多的人传授分享。物质财富，越分享会越少；精神财富，越分享会越多。我们分享读书成果，是向周围的人进行知识传播。这种传播交流，既是增进与更多人接触，提升自己人际能力非常好的方式，同时也是我们自己对所传播的知识再一次深入学习的过程。**在主动向他人分享、传播知识的过程中，最受益的是分享者自己，是自己又一次学习的过程。应该说每分享一次，分享者对此都会有更进一步的、更深的认识。读书学到的东西，只有能通过自己的嘴讲清楚，让听的人懂了，自己才是真真切切地弄明白。**

学而乐，就是说要用快乐的心情来读书。要把读书永远当作一件快乐的事，它能使我们的生命变得更加美好。读书带来的巨大快乐是无法通过其他方式来得到的。这种快乐不同于物质享受，它能让你平静，让你的精神世界变得充实。通过读书，我们学到了知识，开阔了眼界，了解到我们不曾了解的东西。读书，能帮助我们解决一些迷惑，理清一些懵懂的认识，能让我们觉悟，更清醒。从理论上讲，**人的幸福感来自4个方面：（1）生理满足后的愉悦；（2）目标达成后的兴奋；（3）被人认可后的荣耀；（4）洞察到事物本原，发现**

真理后发自内心深处的欣喜和满足。其中第（4）项是最高层次的幸福感。而读书之乐，感受到的正是这种幸福感。我们要永远把读书当成一种习惯，成为自己生活的一部分，从而丰富自己的知识，完善自己的人格。

世界上没有坏运气，只有坏习惯。同样，好运气也来自好习惯。好运气总是留给有准备的人。准备了，不一定都有好运气，但没有准备，好运气一定不会光顾你，这也就是“自助者天助”的真正含义。一个人无论多么坎坷，经历过多少背运，一生之中总会有好的机会降临的时候。关键在于你能抓住转瞬即逝的机会。而这要看你平时为此做了哪些准备，积累了多少本领。比如，**作为一名球队的球员，要想成为一名优秀的球员，不必在意自己是被选为主力首发，还是做替补“板凳”，关键在于如果上场，你在场上的表现会如何。**如果你是个替补队员，那么平时更要刻苦训练，永远准备着上场，等待着展现自己球技的机会。不是主力首发没有关系，替补球员总有派上场的时候。**如果你抓住了这难得的上场机会，一上场就能进球得分，那你就是一名优秀的球员。**每次上场如果都能有好的表现，那么不久将来你很有可能就会被选为主力首发。同样，即使你当初被选为主力首发球员，结果每次比赛都表现平平，也早晚会被换下来，去坐冷板凳。

有些人总爱抱怨自己缺少机会、运气不佳。可是，机会如果偶然给到了你，你却因为缺乏能力而不能够抓住，那就不是运气的问题了，是你自己能力不够、准备不足。我们要想在职场上有好的发展，平时应做怎样的准备呢？其中重要的一条就是要多学习，养成读书的好习惯。读书能给人带来好运气，我们要坚持爱读书、勤读书、读好书。

向优秀者看齐，向睿智者求教

在现实生活中，你经常和什么人在一起，就可能有什么样的人生。人类是相互影响的族群，人都容易受到别人的影响。与你交往的人不仅会潜移默化地影响你，甚至还能改变你的成长轨迹，改变你的人生历程。近朱者赤，近墨者黑。一直和勤奋的人在一起，你就不会懒惰；一直和积极的人在一起，你就不会消沉；如果能长期和智慧的人在一起，你就绝不会愚钝。与优秀积极的人士在一起，受到积极的暗示，会对你的情绪和生理状态产生正面的影响，会激发你的潜能，促使你不断进步。同样，如果与消极颓废的人长期在一起，你也会慢慢地变得麻木消沉。

与谁为伍，实际上就是在向向什么人学习。论语上讲："毋友不如己者"，就是说不要去交往品行不如自己的人。我们作为职场中人，希望在职场有好的发展，就要不断去接触优秀的人、成功的人。无论是单位内部的同事还是外部的客户、朋友，无论是业界的同行还是其他行业的人，只要人优秀，在某一方面表现出色、成就突出，都值得我们去接触交往，向他们学习，要给自己打造一个由各方优秀人士构成的人际圈。这样我们既能通过与他们交往来提升自己，又为自己未来的事业发展积累了很好的人脉。

我们在成长过程中，总会遇到许多难以解决的问题，自然需要不断地向人求教，来寻求解决方案。在职场发展中遇到瓶颈时，也十分期望得到名师高人的指点。应以什么样的人为师，向哪些人求教呢？一定要选那些有智慧有阅历的人，一定要选那些在某一方面很有专业成就、有一定影响力的人，一定要选那些有过相关成功经历的人。有句话是：**读万卷书、行万里路，不如阅人无数，阅人无数还需有贵人相助，贵人相助最难得有高人指路，高人指路更关键是智师开悟**。有智慧、有阅历、有过成功经历的人，会有着独到的视角和见解，许多问题他一两句话就能把你点醒，让你有豁然开朗、拨云见日的感觉。这种人的观点和看法能够让你感到受益匪浅，你和他在一起交流，会给你带来无穷的乐趣，会让你有一种前所未有的兴奋。他说的话会让你顿悟，让你非常认可，听他讲话你感到是一种享受。他身上仿佛都是金矿，让你挖掘不完。你会被他吸引，觉得和他认识得太晚。与优秀人士交往，是人生极大的快乐。结识一位有智慧有阅历的人，有这样一位优秀的人作为自己成长路上的导师，是人生难得的一大幸事；人生极大的遗憾，就是一生中从未遇见过一位这样的导师。

亚历山大·格拉汉姆·贝尔在他28岁那年，去拜访了当时著名的物理学家约瑟夫·亨利，与他谈论“多路电报”的实验，但是亨利开始对他的实验并不感兴趣。贝尔又提到他在实验中观察到的一个现象：“当我把包着绝缘材料的铜线缠成螺旋状，并有间隔地通电时，可以听到线圈上发出嚓嚓声。”亨利听到这里，马上打起了精神，他意识到年轻的贝尔所谈的现象是一个新发现。他对贝尔说：“我想亲眼看你做这个实验。”贝尔把仪器带到亨利的住所，做起了实验。在实验中，亨利真的听到了电流通过铜线圈发出的声音。贝尔对亨利说：“我认为可以利用这个原理让电报线传递人的声音，不过我没有足够的电学知识。”亨利对贝尔的设想大为赞叹，称这一设想为“伟大发明的萌芽”，并鼓励他说：“如果你觉得自己缺乏电学知识，那就去努力掌握这方面的知识。你有发明的天分，好好干吧！”

后来，贝尔成功发明了电话。当谈起当初与亨利的经历时，贝尔说："我简直无法描述那两句话是怎样地鼓舞了我，要知道，在当时对于大多数人来说，通过电报线传递声音无异于天方夜谭，根本不值得花费时间去考虑。如果当初没有遇上亨利，也许我发明不了电话。"

约瑟夫·亨利作为著名的物理学家，无疑是名优秀人士。贝尔之所以拜访他，正是因为认为他足够优秀，身上有自己值得学习的东西。幸运的是，亨利看好年轻的贝尔，并向他提出了中肯的建议，这极大地鼓舞了贝尔去发明电话。由此可见，与优秀者交朋友，向优秀者学习，接受优秀者的建议，对任何人的进步都是极为有好处的。

需要注意的是，当我们面临难以解决的重大问题时，如果想向名师请教，一定要请教那些真有相关阅历、真有过成功经历的人，切不可只听从那些专门以提供咨询建议为谋生手段的所谓"专家"的意见。那些"专家"的意见最多只供参考，绝对不可以作为你行为的指引，按他们说的去做很少有成功的。因为他们提出建议本身是商业行为，是为了赚钱，他们根本不关心所提出的建议能否解决问题，只关心如何收费。更重要的是，他们当中绝大多数人，自己并没有真正做过他们所讲述的、应该怎样做的事情，他们自己没有成功的经历，没有自己亲身的经验和亲历的感受，只是在鹦鹉学舌似的讲一些他们也是从别处学来的“成功案例和做法”，或者完全从理论角度凭主观判断，进行空对空的论述，实用性很低。正如美国著名学者纳西姆·尼古拉斯·塔勒布在《非对称风险》一书中说的那样，这些人对他们所提出的建议并不承担责任，不可能同你风险共担。

不要以任何人为自己崇拜的偶像

我们身边所能接触到的优秀的人、成功的人、睿智的人，都值得我们学习，值得我们敬仰。从他们身上我们能学习到许多宝贵的东西，他们的帮助和指导使我们进步，我们自然对他们由衷地产生某种感激和钦佩。随着时间的推移，如果你从他们中某个人身上得到的东西不断增加，久而久之，就可能对这个人产生极度崇拜和仰慕，做任何事情都向他求教。他的一切观点你都极为赞赏，他的一切行为都让你痴迷，你开始模仿他、追随他，把他当成了你人生的标杆和心中的偶像。这样，你的学习和求教就变味了，你的内心追求开始盲目和扭曲。你无意中已把自己追求成功的目标，变成了能让自己成为另一个他，成为他的一个翻版或复制品。这样下去是危险的，你不但不会有职业发展上大的进步，还可能走向歧途。因为每个人都有自己的长处和优点，也都有自己的不足和欠缺，你所崇拜的某人也一样。你若盲目把他当成崇拜的偶像，就意味着你在接受他的一切（包括不好的方面）。他的一切观点你都认同，他的一切做法你都去效仿，到头来他的优点长处，你未必都学到了，而他的一些缺点毛病一定在你身上有所继承。你沦落成他的附庸，难免不落个东施效颦、邯郸学步的结果。

正确的做法是，我们向优秀的人、成功的人、睿智的人学习，是取人之长处，提升我们自己，选择他们身上值得我们学、适合我们学的东西学习，不能盲目完全照搬。名师高人的建议，我们也要根据自身情况有分析、有思考地借鉴，不能完全接纳。

我们可以把这些我们佩服敬仰的人，当做我们的榜样、我们的老师，但绝不可当成崇拜的偶像，不能为其痴迷和倾倒，否则太幼稚了。**这个世界上，没有人值得成为你崇拜的偶像**。任何人都是人不是神，都有人的弱点和自身的毛病。我们在职业成长过程中，在追求卓越的路上，不要把任何人当作偶像来崇拜。我们要不断学习和努力，采众人之长，以能者为师，这是为了让我们自己变得越来越好，越来越优秀，永远追求做更好的自己。**如果说，一定要为自己设立一个崇拜的偶像的话，那么真正值得你作为偶像崇拜的，就是那个你心中一直向往的、未来更好的你自己。**

利用好8小时以外的时间

8小时以外，一般指的是工作时间以外的时间。如何利用这些休息时间、闲暇时间，不同的人差异很大。能自己自由支配，是8小时以外时间最大的特点。正因为可以自由支配，人们的做法千差万别。有的人8小时以内，认真地工作，8小时以外完全放纵随意，不是消磨打发时光，就是热衷于与人议论家长里短，纠结于鸡毛蒜皮，过得毫无意义。一个人要想变得出类拔萃，仅仅通过工作时间内的努力是不够。如果你能在下班之后，充分利用休息时间和闲暇时间去充实和提高自己，而不是像多数人那样让这些时光白白浪费掉，那么久而久之，你各方面就能够与旁人拉开差距。一个有追求的人，一定利用好8小时以外的时间舒缓工作上的压力，调整自己、充实自己，为后续的工作做身体和精神上的充电。如果说，我们在工作时间内，要充当和扮演现实中岗位所赋予我们的角色，那么8小时以外，我们则可以更好地体现和展示精神上真实的自我。为能更好地利用这8小时以外时间，特提示注意以下几点：

一、保证充足的睡眠

睡眠是人生活中重要的事情。一个人如果每天都有充足的睡眠，就能让身体得到休整，可以保持很好的精神状态。一个人如果睡眠时间长期得不到保障，精神状态就会越来越差，很疲惫没有精神，长此以往生物钟慢慢也发生变化，会给身体健康留下隐患。现在人的工作和生活压力大，生活节奏非常快，保证睡眠就变得更为重要。我们大脑每天承载着大量的工作负荷，必须通过睡眠进行休息和调整。睡眠不仅是让身体得到休息，更重要的是在睡眠过程中大脑还可以整合信息、存储记忆，促进发育。脑科学告诉我们，睡眠的时候，对我们的工作来说，不是在浪费时间，这时人的大脑还在做有益的“工作”。**在人深睡的时候，暂时关闭了与外部世界的联系，让我们把注意力资源转移到认知上，大脑神经元表现出旺盛的节奏性活动，它在重放白天的工作内容，在把它做细细的梳理，使之清晰**。这就是为什么，有时我们全天苦苦思索某个问题，一直想不出好的解决方法，而美美地睡上一觉，醒来后感到神清气爽，百思不得其解的问题竟豁然开朗，好的想法应运而生的根本原因。我们要想寻求职业的长期发展，就要保持好的身体，平时保证充足的睡眠。晚上不能长时间的熬夜玩手机或娱乐，应养成好的作息习惯，按时睡按时起。

二、从事有益的活动，陶冶性情愉悦身心

我们在工作以外的休息时间，要尽可能多地从事一些平时没有时间从事的有益的活动。我们应该保持锻炼和运动，它不仅可以强健身体，还可以缓解身心的疲劳，可以释放内心的压力，让人在大汗淋漓之后感到全身轻松。我们要在休息时间结合自身的情况，有选择地进行一些体育运动，如跑步、游泳、登山、徒步、球类运动等，以增强自己的体魄。我们要尽可能多地利用休息时间来陪伴自己的家人，与配偶、老人和孩子在一起，通过居家畅聊、一起逛街、全家聚餐、外出游玩，尽享亲情和欢乐，弥补一下我们因平时工作繁忙，对自己家人的亏欠。同时，我们要尽可能地利用休息时间，培养一下自己的兴趣爱好，不能总是沉迷于玩游戏、看肥皂

剧此类情趣上。**应把情趣提升得高一些，可以适当培养一下我们自己在音乐、诗歌、美术、书法、摄影等方面兴趣，陶冶一下情操**。休假期间，要带家人走出家门，游览一下各地的山水风景、名胜古迹，感受一下当地不同的风土民情、历史文化，让自己既丰富了知识，又愉悦了心情，使身心得到了充分休整和放松。

三、利用一切机会开阔视野，丰富充实自己

8小时以外时间不规律，有较长的时间段，也有很短的零散时间。我们要利用好这一切完全由自己支配的时间，尽可能地充实自己。可以走访一些平时接触较少的以往的同事、同学或亲友，有选择地拜访认识一些与自己平常工作没有联系的、本行业或其他行业的有成就的人士。通过走访接触、参加聚会或一起运动锻炼等方式交流，你一定能从他们身上获得许多你以前从未得到过的资讯和信息，学到一些从未接触过的知识和方法，能让自己视野变得更开阔。在注重与人交往的同时，我们还要学会耐得住寂寞，学会能够自己一个人独处静思。**一个人独处，是在倾听自己内心的声音，是暂时抛弃岗位角色回归真实本我的时刻，是难得的自我灵魂升**

华的时刻。独处思考时，可以不断地复盘回顾，静静地重新审视一下自己过往工作和生活中的事情，重温一些美好的回忆；客观反省一下自己的某些过失，发现一些自己需要改进的地方；好好感悟一下自己对人生新的更深刻的认识，对自己的未来进行一下更全面的思考。因为在平常紧张的工作中这些都是不易被触及的。我们还可以利用自主的闲暇时间，多读几本自己工作和专业以外的书籍，也就是所谓的闲书。可根据自己的喜好，有选择地读一些文学、历史、艺术、星象、医学、科幻等方面的书。这些书能让我们静下心来，使自己完全放松，能在享受其乐趣的同时，引发我们对所处的大千世界的思考，从而有了有更深层次的审视和感悟。这也算是对自己的一种犒赏吧。独自安坐，烦事远离，品着香茗，手捧一卷，何其美哉。

总之，我们要充分利用好8小时以外时间，找一切机会来充实自己，要做到能外能内，能动能静，动静结合，尽享其乐。正可谓：**外出会友欢聚，潇潇洒洒几杯酒；居家独坐静思，从从容容一壶茶**。

第八部分

《厚黑学》智慧对职场人的积极意义

应怎样正确看待《厚黑学》

《厚黑学》是民国期间四川著名学者作家李宗吾的名作。作者在书中嬉笑怒骂，妙语连珠，以强烈的正义感、使命感和敏锐的洞察力，对封建社会官场的黑暗和腐朽，给予了深刻的揭露和强力的鞭挞。《厚黑学》提出了“面厚心黑”之说，说人在世上要想成为英雄豪杰，必须脸皮厚、心肠黑。其实，这是作者用另类的笔法、幽默辛辣的语言，独辟蹊径地诠释了中国几千年来形成的人生哲理，是作者的深刻思考和感悟。《厚黑学》问世至今已一个世纪，虽不断遭到一些人的非议甚至攻击责骂，但它以独特的视角和犀利的语言，表达的诙谐性和思想的深刻性，始终保持着独特的吸引力和影响力，仍跨越时空广为流传。它揭示的深刻道理，让一代又一代的读者为之折服和称道。读者要在欣赏品味其内容的同时，思考其观点，汲取其智慧。

中国古代先人提倡："自强不息""厚德载物"。这是中华优秀传统文化的精髓，是中国人几千年思想智慧的结晶，这已成为无数代中国人所努力遵循的人生指引。李宗吾老先生只是把它用两个特别字表述出来："厚""黑"。对于这两个字，我本人从正面意义理解："黑"，就是指坚定的意志、非凡的胆略和强有力的手段。**"黑"，不应该理解为"恶"，而是应该理解为"狠"。"厚"，就是指博大的胸怀、成熟的心态和百折不挠的精神。"厚"不应该理解为"无耻"，而是应该理解为"坚韧"。**

中国千百年来沉淀下来的人生智慧不正是如此？只是用了与之不同的、更文雅、更好听的词汇表述出来而已，说的意思大体相同。例如：主张一个人在世上为人处事，要能屈能伸，智勇双全，刚柔相济，进退有度；掌权的人运用权术，要又打又拉，宽严适度，恩威并举，软硬兼施。这些手法说白了，正是厚黑二字。

现实中从古到今总有那么一部分人，表面上诚实谦恭，满口讲人要善良朴实，不能搞歪门邪道，但自己内心却非常阴暗充满私欲，不择手段、施尽诡计、损人利己。《厚黑学》正是击中了这些人的要害，揭下了他们的面具，撕下了他们的画皮，将其真实嘴脸公之于世。这就必然让这些人恐惧忌恨，必然遭到他们的围攻谩骂。换个角度讲，《厚黑学》正好帮助我们认清了厚黑一族的真实面目，是正直的人很好的自我保护工具。林语堂先生曾说：“世间学说，每每误人，惟有李宗吾铁论《厚黑学》不会误人。……没有读过李宗吾《厚黑学》者，实人生憾事也!”当今的一位畅销书作家说：李宗吾是菩萨心肠，心怀怜悯，说疯癫话；有些人是厚黑心肠，心怀残忍，说菩萨话。

《厚黑学》中阐述的厚黑智慧和一些方法，对我们在社会上处事，特别是在职场上打拼，是很有借鉴意义的。长期以来，有许多人对《厚黑学》在认识上存在着一个误区，认为《厚黑学》是教人厚颜黑心，教人不要礼义廉耻，不择手段地损人利己，认为厚黑智慧是一种邪恶的智慧。正因为如此，不少人明明对《厚黑学》中的一些观点方法感到很受用，但因《厚黑学》在世上有此邪恶之名，故总是忌讳提起，总想表现出自己与《厚黑学》毫无关系，生怕自己的名声受到污损，甚至还有的人在公开场合对《厚黑学》进行一些否定和“批判”。其实，厚黑智慧作为一种人们看待问题的思维方式和解决问题的处理方法，只是一种谋心之术，不能简单地定义其是正义还是邪恶、是好还是坏。正如李宗吾先生说：“我们研究人性，不能断定它是善是恶，犹之研究水火之性质，不能断定它是善是恶一样。”说到底，任何一种智慧和方法最终对社会产生的作用是积极还是消极，完全取决于运用它的人想通过它达到什么样的目的，《厚黑学》也是如此。《厚黑学》中有价值的观点和方法，是李宗吾老先生留给后人的精神财富，值得我们去思考和借鉴。我们今天在面对前人留给我们的智慧精华时，一定要对其有一个正确的认识，能够从积极的方面去理解其价值，从中汲取其养分。

《厚黑学》中两个“六字真言”的正面积极意义

我个人认为，《厚黑学》中许多有价值的观点智慧，值得我们认真吸取借鉴。我仅从我们当代职场人如何在职场上寻求更好发展的角度，对《厚黑学》中两个“六字真言”的正面意义的解读，以及给我们的启示，谈一点粗浅的体会。

《厚黑学》中，作者写了“求官六字真言”和“做官六字真言”，讲的是在黑暗的封建专制体制下，想做官的人如何求得当官和为官的人如何做官的方法，生动地描绘了旧社会官场，求官人和做官人的丑陋嘴脸和阴暗心理。我先对此做简单介绍：

“求官六字真言”，六个字分别是：空（kòng）、贡、冲（chòng）、捧、恐、送。

“空（kòng）”：意思就是为了想当官，放下其他一切，一门心思向上爬，长期坚持直到得到了所期望的官位为止。

“贡”：作者用的是四川的俗语，我把它理解为“拱”，就是寻找一切机会，用一切办法，挖空心思，通过钻营以求当上官。

“冲（chòng）”：就是说大话，不断吹嘘和标榜自己，以求得官职。

“捧”：就是对能影响到自己求得官职的重要人物，进行吹捧和称颂，以此取悦于他。

“恐”：是指要想求官，还需要对前面所提到的重要人物，抓住他的一些软肋或把柄，进行适当地暗示和威胁，逼其就范，以达到自己求得官职的目的。

“送”：就是对前面所说的重要人物实施行贿，通过腐蚀收买，以此换取自己的官位。

“做官六字真言”，六个字分别是：空（kōng）、恭、绷、凶、聋、弄。

“空（kōng）”：就是做官的人说话办事，要模棱两可，保持灵活，让人抓不到把柄。

“恭”：就是对上级或身边的重要人物，表现出恭敬谦逊的样子，不能得罪。

“绷”：就是对外对下属，要绷起身段，形成距离感，体现出自己为官的形象。

“凶”：就是对妨碍自己挑战自己的人，要坚决打击或清除，不能手软。

“聋”：就是对外面私下非议或诅咒自己的声音，要装作听不见，不受其影响，自己想怎么做仍怎么做。

“弄”：就是通过官职和手中的权力，想尽办法为自己捞取利益。

两个“六字真言”12个字，剔除其所揭示腐朽官场黑暗的消极因素，其中可取之处，有其正面价值。它对我们今天的人，寻求职场更好的发展，仍有借鉴意义。那么这12个字有哪些积极的意义，怎么从正面去理解，又分别能给我们寻求职场发展带来哪些启示呢？

下面我就这个问题，谈一点我个人粗浅的理解：

“空（kòng）”：我们要执着于现实我们自己心中所确立的目标，要锲而不舍地努力。无论遇到多大险阻，都要全身心投入，专心致志心无旁骛，绝对不放弃，直到目标的实现。

“贡”：我所理解的“拱”，就是我们在为目标奋斗的过程中，要始终积极主动，要抓住一切机会，努力争取一切可争取的资源，想尽一切办法努力向目标推进，要创造性地解决过程中遇到的各种问题。

“冲（chòng）”：我的理解，就是要始终保持自信，敢于不断地展示自己的优势和已取得的成绩。要让别人更多地看到你的长处和工作成果，并能根据你的表现，不断感受到你的过人之处，不断从你身上得到信心，从而增强大家对你的信任和赏识。

“捧”：我的理解，就是要学会赞美别人，懂得肯定、认可他人的价值。通过表扬和赞美别人，赢得别人对你的尊重和好感，从而能够整合更多人的力量，对你形成帮助，推进目标的实现。这需要很高的智商和情商。

“恐”：我的理解，就是我们在职场上，在推进事情的过程中，特别是在商务活动中，要敢于维护自己的利益，不能一味地示弱。对对方关键的弱点，在恰当的时机要给予适当的提示和点醒，要揭示其可能的风险。这样，我们的利益才能很好地被对方重视，才可能争取到双赢的结果。

“送”：我的理解，就是我们在职业发展过程中，要重视人脉的建立，广交朋友。要对重要的客户和对事业推动有影响的人物，进行适当的感情投资。要建立起自己的人脉，为未来的发展打下好的人际基础。

“空（kōng）：”我理解，就是作为管理者，在自己的岗位上要保持严谨，言行要得当，考虑要周全；任何时候不能鲁莽，不可信口开河；说话要有分寸，要准确得体，留有余地。

“恭”：我的理解，就是要保持谦虚谨慎，不放纵自己。对上做好向上管理，体现尊重；对身边人有亲和力，保持平易近人。

“绷”：我的理解，就是要始终注意自己的职业印象，一言一行要很职业，保持严肃讲究原则。自己要始终做与自己的职业岗位相符合的事，通过塑造自己的正面形象，赢得他人的尊重。

“凶”：我的理解，就是在工作中要勇于坚持原则，对可能有损于组织和自己正当利益的事，敢于说“不”。作为管理者，要有魄力，必要时敢于亮剑；对危害组织的害群之马，要果断处治，绝不手软。

“聋”：我的理解，就是要求我们在职场上，特别是作为管理者，要有成熟的心态，要能抑制冲动学会包容。不为一些细枝末节的小事所困扰，也不受工作过程中来自某些方面的杂音所影响，要始终坚持初衷。

“弄”：我的理解，就是要求我们始终要有很强的目标感，始终不忘全力推动我们最终目标的实现。只有实现了已确定的目标，我们的一切努力才有意义。在实现组织目标和为组织赢得利益的同时，我们也应该兑现自己的价值。

《厚黑学》的两个“六字真言”，其正面积极含义，以上只是简单提及，点到为止。它与《厚黑学》其他智慧内容（包括“办事二妙法——锯箭法、补锅法”等，本书不再一一谈及了）中的积极含义，需要我们所有职场上的人，结合各自长期的工作实践，去不断地体会、感受和汲取。如果这些内容中积极的方面，能够对我们大家实际工作和职业发展给到有益的启示和帮助，我想李宗吾老先生在九泉之下，也会感到欣慰吧。

结束语

职场的路是漫长的，它充满着艰辛坎坷，也承载着无限希望和可能。如何走好自己的职业发展之路，让自己在职场上实现自己的梦想走向成功，是每一个在职场上奋斗打拼的人需要用毕生的职场生涯来完成的考题。衷心希望所有在职场上辛勤努力的朋友们都能交出优异的、让自己满意的答卷！衷心祝福每一位读者朋友在通往成功的道路上不断地走向成功！